フィールドの観察から
論文を書く方法

観察事例の報告から研究論文まで

濱尾章二

文一総合出版

はじめに

　動物や植物を観察していて、珍しい発見をしたことはありませんか？野外調査のまとめ方がわからなくて困ったということはありませんか？この本はそういう方に論文の書き方を伝えるために書かれたものです。

　論文というと、プロの研究者が専門誌に書く難解なものというイメージがあるかもしれません。しかし、決してそのようなことはありません。きちんと事実を報告し、事実からわかったことを文章にまとめて、皆が見られるものに発表するというだけのことです。論文では、何よりもわかりやすさが大切だと言われます。何を見たのかをはっきりと書き、それからわかることをきちんと述べればよいだけです。小説や随筆のように、名文を書いて他人の感動や共感を得る必要はありません。あいまいさを排除し具体的に説明するという理科系の文章は、書き方を学べば意外と書きやすいものです。

　珍しい事例の観察やおもしろい調査結果を公表しないのはもったいないことです。データや情報の私蔵は「死蔵」です。論文として発表すれば、科学的知見として蓄積され、他の論文や書物に引用されます。生物学の発展に関わることができ、名前も残ります。野帳の記録を論文にまとめて発表しましょう。

　この本は、野外観察の結果を日本語で論文にまとめようとする方のために書きました。特に論文を書いた経験がない方、論文発表の経験が少ない方を対象にしています。バードウォッチャー（バーダー）をはじめ植物・昆虫などの生物を野外で観察している方、職業研究者ではないが自分の興味で調査をしているアマチュア研究者の役に立つと思います。環境調査会社や博物館の仕事で野外調査をしている方も読者として想定しています。また、野外での調査から卒業論文や修士論文を書く学生・大学院生にも大いに役立つはずです。理系の学生を対象にした論文の書き方の本は多くありますが、それらは最初から研究目的が明らかで、実験や観察の結果が何々

であればこう言えるというような仮説検証型の研究を想定しています。この本は、野外調査の結果を得てからその意義を考え、序論や考察を書かなくてはならないことが多いフィールド系の生物学における論文の書き方を説明した点でユニークなものだと自負しています。博士号をとってプロの研究者を目指す大学院生にも、イントロや考察の書き方（7 章）、査読コメントへの対応のしかた（11 章）などは得るところが多いものと思います（ただし、私が書いていることを少し辛口に味つけし直して理解してください）。

　内容は、論文というものをまったく知らない方でもわかるように書かれています。論文発表を呼びかける 1 章に続き、2 章では文章の書き方を、3 章では執筆作業の進め方を説明しました。ここまではどのような論文を書こうとする方にもあてはまる部分です。4 章では、後の章の展開のために、論文にはどのような種類のものがあるのかを説明しました。5 〜 7 章は、論文で書くべきことをまとめた、この本の中心となる部分です。5 章では、地方初記録のような新分布を報告する短い論文（記録・報告）の書き方を説明しました。6 章と 7 章では、ある程度のデータがある調査結果をまとめた論文（原著論文）について、どのような中身が必要か（6 章）、そして書き方の注意（7 章）をまとめました。5 〜 7 章には、知らなかったことや「なるほど」と納得していただけることがたくさんあると思います。8 章と 9 章は、論文作成の技術的なことがらをまとめたマニュアル的な部分です。記録・報告の論文にも原著論文にも共通する図表（8 章）・引用文献（9 章）の整え方が書かれています。最後の 10 〜 12 章は、投稿からその後の対応・作業についての説明です。論文の審査（査読）がある学術雑誌に投稿する場合には、特に 11 章が役立つことと思います。

　このように、本書は単に論文の文章の書き方だけを説明した本ではありません。**論文を書くのが初めての方や、論文を書きなれていない方の不安を取り除き、論文発表の意欲を高めたいと、いろいろなノウハウをまとめ、メッセージを込めた**ものです。該当する部分を開くだけではなく、ぜひ全体を通読していただきたいと思います。

本文中では、説明をわかりやすくするために具体的な例をあげました。実際の論文をあげた場合は、どこから引用したか出所を示しました。書き方の「悪い例」は、すべて創作したものです。ただ、創作ではあっても、私がいろいろな学術雑誌の投稿論文を査読したり、投稿された論文を編集したりする中で何度か見かけた間違い・失敗について、同じパターンで悪い例を作ってあります。したがって、多くの人が間違えてしまいやすいポイントを示すことができたと思います。例で材料にあげた生物は、ほとんどが私の専門である鳥類ですが、鳥に関する知識がなくてもわかるように書かれています。

　私は40歳を過ぎて博士号を取得し、研究職に就きました。長い間、アマチュア研究者として鳥を観察し、論文を書いてきました。数えてみたところ、アマチュア時代、学術雑誌に掲載された論文は10本ありました。それらは決して楽に書くことができたものではありません。最初の頃は今思うと悲惨な原稿を書いていて、他人に見てもらうと原稿が真っ赤になって返ってきたものです。時にはもがき苦しみながら、書き直しを繰り返しました。その中で、論文の書き方が少しずつ身についてきたのだと思います。そして、今は日本鳥学会誌編集委員長として、いろいろな方の原稿に接しています。論文書きの名人とは言えませんが、苦労をせずに論文の書き方を身につけたエリート研究者には語ることのできない論文書きのコツや心がまえを伝えたいと思います。

　この本を出版することができるのは、多くの方のお陰です。以下の皆さんに、心から御礼申し上げます。同僚である国立科学博物館の大和田守（専門：蛾など昆虫類）、野村周平（甲虫など昆虫類）、篠原現人（魚類）、長谷川和範（貝類）、藤田敏彦（棘皮動物から動物全般）、並河洋（クラゲ類・イソギンチャク類）、秋山忍（植物）の皆さんには、鳥以外の分類群での学術雑誌編集の様子について教えていただきました。爬虫類・両棲類の雑誌については、下山良平さん（長野県諏訪市立城南小学校）に情報をいただきました。情報を集めるほどに、よい論文の書き方は共通だということがわかる一方、分類群による論文出版の状況の違いも感じました。そこで、

どのような雑誌に投稿したらよいか（**4-3, p. 71**）については、分類群による違いがあることを付記しながら、主な流れとしては鳥類での実状と自分の考えを述べました。この点、情報や意見をいただいたことに感謝しつつ、自分の責任で書きました。

　野村周平、篠原現人、秋山忍、そして市橋秀樹（水産総合研究センター）の皆さんには原稿の一部を読んでいただき、改訂に役立つコメントをいただきました。長谷川和範、新妻靖章（名城大学）、植田睦之（NPO法人バードリサーチ）、嶋田哲郎（宮城県伊豆沼・内沼環境保全財団）の皆さんは、原稿全体を読んで重要なコメントをしてくださいました。原稿改訂に大きな助力をいただき、深く感謝しています。また、宮田隆輔・俊江、谷城勝弘、峯岸典雄の皆さんにはアマチュア研究者として論文を発表された経験についてお話をうかがい、コラムを書かせていただきました。ありがとうございました。そして、編集の菊地千尋さんとイラストの篠原裕美子さんのおかげで、美しく読みやすい本にしあがりました。

　最後に、私の論文原稿にコメントすることで鍛えてくれた先輩研究者、学術雑誌の編集者、査読者の皆さんに感謝します。特に、上田恵介さん（立教大学）には、私にとって初めての投稿原稿から博士論文まで励ましと批判をいただきました。おもしろいことが見つかった時、上田さんがいつも言っている「論文にせなあかんで」という言葉を、私も伝えていきたいとこの本を書きました。

2010年盛夏　**濱尾章二**

フィールドの観察から論文を書く方法
目　次

はじめに　3

【基礎編】

1 論文を書こう！ …………………………………………………… 11
- 1-1 貴重な観察が野帳の中に　11
- 1-2 論文になっていなければ、わかっていないのと同じ　13
- 1-3 論文を書く喜び　15
  - 1-3-1 科学の進歩に貢献する…15　　1-3-2 自然や生物の保全に貢献する…17
  - 1-3-3 自分の研究が発展する…17　　1-3-4 自分の名前が活字になる…19
- 1-4 論文を書かなくてはならない理由　21
  - 1-4-1 お世話になった人のために…22　　1-4-2 対象とした生物のために…24

2 わかりやすい文章の書き方 ……………………………………… 25
- 2-1 わかりやすさが何より大切　25　　2-2 話を少しずつ進める　25
- 2-3 短い文を書く　28
  - 2-3-1 なくてもわかるなら省く…28　　2-3-2 修飾関係をはっきりさせる…29
  - 2-3-3 主語と述語を対応させる…31　　2-3-4 複数のことを分けて説明する…32
- 2-4 一般的な語を用いる　33　　2-5 あいまいな表現を排除する　35
- 2-6 カギカッコは吟味して使う　37

3 くじけず論文を書きあげるために ……………………………… 39
- 3-1 「おもしろい」と思うことを中心にすえる　39
- 3-2 結果を図にまとめてみる　40　　3-3 論文の構成をメモに書いてみる　44
- 3-4 英文要旨が必要な場合の対処の仕方　47
- 3-5 他人に見てもらう　49
  - 3-5-1 岡目八目…49　　3-5-2 どのように書き直すか…51
  - 3-5-3 自分としてのベストのものをぶつける…52　　3-5-4 誰に頼むか…53
- 3-6 評価をおそれない　55
  - 3-6-1 努力が足りないと心配しない…55
  - 3-6-2 専門家を意識せずにわかりやすく書く…57
- 3-7 書けない時は読んでみる　58
- 3-8 調査を終えたらできるだけ早く書き始める　59

【実践編】

4 論文とはどういう文章か ……………………………………………… *61*

4-1 論文のいろいろ 61
   4-1-1 総説…61　　4-1-2 原著論文…62　　4-1-3 短報…63
   4-1-4 記録・報告…65　　4-1-5 日本鳥学会誌の場合…66
4-2 論文を掲載する刊行物の種類 69
   4-2-1 学術雑誌…69　　4-2-2 研究会・同好会の論文誌…70　　4-2-3 紀要 70
4-3 査読制度の有無と投稿先の選択 71
   4-3-1 査読とは？ 71　　4-3-2 査読がある雑誌のメリット…72
   4-3-3 査読をおそれる必要はない…73　　4-3-4 紀要の存在価値 75

5 記録・報告の書き方 ……………………………………………… *77*

5-1 どのような観察ならば投稿できるか 77　　5-2 写真は必要か 78
5-3 記録・報告に必要な情報 81
   5-3-1「誰が」：観察者名…82　　5-3-2「いつ・どこで」：観察日・場所…82
   5-3-3「何を見たのか」：自分が観察した事実…85
   5-3-4「見たことの位置づけ」：何が初なのか…87
5-4 誰にでもわかる正確な記述をする 88
5 5 事実と考察の峻別 90
5-6 あいまいな推測から主張しない 92

6 原著論文を書く前に ……………………………………………… *95*

6-1 どのような内容ならば原著論文になるのか 95
6-2 オリジナリティとは何か 96
6-3 オリジナリティとは言わないもの 98
6-4 自分のデータからオリジナリティを生み出す 99
6-5 文献だけからオリジナリティを考えるのは危険 100
6-6 サンプルが少ないと論文にならないか 101
6-7 問わずもがな「これで論文になりますか」 102
6-8 1つの論文では1つのテーマを 103

7 原著論文の書き方 ……………………………………………… *105*

7-1 タイトルのつけ方 105
   7-1-1 何を調べたのか具体的に示す…106
   7-1-2 データを説明する必要はない…107　　7-1-3 地名は普通、必要ない…107
7-2 著者の決め方 108
   7-2-1 論文に貢献し、責任をもてる人が著者…109

7-2-2 こういう人は著者にしない…110　　7-2-3 共著者との連絡…111
7-3 イントロの書き方　112
　7-3-1 目的とその意義を示す…112
　7-3-2 よくある間違い：私的な動機を述べる…114
　7-3-3 よくある間違い：対象種を詳しく紹介する…115
　7-3-4 よくある間違い：まだ調べられていないから調べた…116
　7-3-5 書く前には構想を練る…117
　7-3-6 よりよいイントロにするには：読者に「おかしい」と言わせる…118
　7-3-7 よりよいイントロにするには：一般的なテーマに高める…119
7-4 方法の書き方　121
　7-4-1 方法を書く基本…121　　7-4-2 再現できるようにきっちりと書く…122
　7-4-3 仮定やその妥当性も書く…124
　7-4-4 平均を出すだけでもその方法を書く…126
　7-4-5 法律や倫理上問題がないことを述べる…127
　7-4-6 不要な情報を書かない…128
7-5 結果の書き方　129
　7-5-1 事実だけを書く…129　　7-5-2 よくある間違い：方法を書いてしまう…130
　7-5-3 よくある間違い：解釈も書いてしまう…131
　7-5-4「結果及び考察」は勧めない…132
7-6 考察の書き方　133
　7-6-1 結果の感想を綴るのではない…133　　7-6-2 考察で書くべきこと…136
　7-6-3 今後の課題や保全への提言は簡潔に…140
　7-6-4 よくある間違い：結果にないデータを出してくる…141
　7-6-5 よりよい考察にするには：イントロに対応させる…142
　7-6-6 よりよい考察にするには：異なる考えも検討する…143
7-7 謝辞の書き方　144
　7-7-1 どういうお世話になったのかを具体的に…144　　7-7-2 謝辞の形式…145
7-8 要旨の書き方　146
　7-8-1 得られた知見がわかるようにまとめる…146
　7-8-2 重要ポイントを短くまとめる…147

8 図表の使い方 ……………………………………………………………… *149*
　8-1 主要な結果は図で示す　149　　8-2 図表を使い分ける目安　150
　8-3 方法や考察でも適切に使う　151
　8-4 言いたいことが伝わる図とは　152
　8-5 写真も図と同様に吟味する　154
　8-6 タイトルと説明文のつけ方　155
　8-7 体裁上の注意　157　　8-8 付表・付図は例外的に必要な時だけ　160

9 文献引用に関する注意事項 *161*

9-1 どのような時に文献を引用すべきか　161
9-2 どのような文献を引用すべきか　162
9-3 論文や書籍となっていない情報は使ってよいか　163
9-4 本文中での引用　166
 9-4-1 2つの書き方のパターン…166
 9-4-2 文献に何が書かれていたのかがわかるようにする…167
 9-4-3 英文論文・共著論文・私信などの引用の仕方…168
9-5 引用文献リストの作り方　170
 9-5-1 文献の順…170　　9-5-2 文献情報の書き方…172
9-6 文献の探し方と手に入れ方　177
 9-6-1 文献の探し方…177　　9-6-2 文献の入手方法…179

10 投稿の仕方 *185*

10-1 投稿規定を精読する　185　　10-2 重複投稿は厳禁　186
10-3 レイアウトは不要　187　　10-4 原稿以外の資料は不要　193
10-5 手紙を添えて投稿する　194　　10-6 投稿の期限はない　196

11 査読コメントへの対応の仕方 *197*

11-1 投稿から掲載までの流れ　197
11-2 事務的にきちんとした対応をする　198
11-3 却下の判定がきた場合　201
11-4 コメントで頭にきたら、頭を冷やす　202
11-5 査読者のコメントは99％正しい　204
11-6 改訂稿の作り方　205
11-7 改訂について説明する文書の作り方　206
11-8 反論せざるを得ない場合　207
11-9 査読者との論争に勝つのが目的ではない　209
11-10 採否決定の最終権限は編集者にある　210
11-11 査読者に感謝の気持ちをもとう　212

12 受理された後は *215*

12-1 受理後に行うべき作業　215　　12-2 著者校正をおろそかにしない　216
12-3 別刷りを送ろう　217　　12-4 著作権に注意しよう　218

参考図書一覧　219

1 論文を書こう！

1-1 貴重な観察が野帳の中に

　数年前のある日、『国立科学博物館ニュース』をながめていると、コサギの「波紋漁法」という文字が目に飛び込んできました。何と、鳥のサギが魚をおびき寄せて捕る漁をするというのです。博物館友の会会員の方が書いた短い記事には、コサギがくちばしの先端を水面につけて小刻みに開閉し、波紋に集まってきた魚を捕らえるとあり、上野の不忍池（しのばずのいけ）での観察が写真とともに紹介されていました（渡辺浩, 2003. 国立科学博物館ニュース (416): 28[*1]）。サギ類には興味深い採食行動がいくつか知られています。例えば、ササゴイという鳥は昆虫や果実、小枝などを水面に投げて魚を集める投げ餌漁を行います[*2]。しかし、コサギがくちばしで作った波紋で魚を集めるということを、私は見たことも聞いたこともありませんでした。

[*1]: この本では、論文と同様、他の書籍や論文の内容に触れた時はその出所を引用文献として示しています。雑誌に掲載される論文では、その最後に引用文献をまとめてリストとしてあげるのが一般的ですが、この本では引用した個々の部分で本文中に（あるいは脚注で）引用文献を示しています。著者、出版年、（論文タイトル）出版物名、巻・号数、掲載ページの順に示してありますので、引用文献を入手したい時は参考にしてください。
　なお、論文を書く場合の文献の引用の仕方、引用文献リストの作り方は後で詳しく説明します（9-4, 9-5, 166頁）。

[*2]: 樋口広芳 (1985) 赤い卵の謎. 思索社, 東京. (213-221ページ)
　　　Higuchi, H. (1986) Bait-fishing by the Green-backed Heron *Ardeola striata* in Japan. Ibis 128: 285-290.
　　　樋口広芳 (1996) ササゴイのまき餌漁. 樋口広芳ら（編）, 日本動物大百科 3 鳥類I: 42. 平凡社, 東京.

そこで、世に知られていない珍しいコサギの波紋漁法を自分でも観察し、また上野で観察した渡辺さんにも詳しい情報を提供してもらって、一緒に論文にまとめようと考えました。ところが、論文執筆にあたって情報を集めていくと、あちこちでコサギの波紋漁法がすでに観察されていることがわかってきました。日本野鳥の会支部報の記事を調べ、個人的に手紙を書き、さらに鳥や野生生物に関心をもつ人が参加しているメーリングリストで情報提供を呼びかけたところ、アマチュア観察者の方が情報を寄せてくださったのです。情報をまとめると、コサギの波紋漁法は全国の5か所で観察されており、中には18年前の観察情報もありました。これには驚きました。プロの研究者がまったく知らないことを知っている人が何人もいたからです。

　私はこの経験から、アマチュア観察者が足しげく通う自分のフィールドやバードウォッチングに訪れた土地で行っている観察は質の高いものであることを、あらためて感じました。ひと昔前のバードウォッチャーには、リストをチェックして見た種数を競っているだけの人もいましたが、今は行動や生態にも関心をもち、きちんとした観察をして野帳（フィールドノート）に記録を残している観察者が多いようです。

　コサギの波紋漁法以外でも、鳥や昆虫、植物などの珍しい行動や生態、また地方初記録などの新分布について、研究者に知られていない観察事例がたくさんあるのではないかと思います。皆さんの身近にも、貴重な観察をしたのに野帳の中に埋もれているとか、一部の人たちしかそれを知らないという話があるのではないでしょうか。アマチュア観察者が貴重な観察の情報をもっているのに、その情報が研究者と共有されず、科学的知見として蓄積されないことは、とても残念なことです。

1-2 論文になっていなければ、わかっていないのと同じ

　貴重な観察情報や調査の結果は多くの人に知ってもらい、生物をより深く理解したり自然環境を保全したりするために、役立ててもらいたいものです。そのために、正確な情報を資料として活用できる形で残すには、論文として発表するのが一番です。

　論文とは、いつ、どこで、誰が、何を見たのか、それによって何が新しくわかったのかを、筋道立てて説明した文章です。ある程度のまとまった調査の結果であれば、「はじめに」「方法」「結果」「考察」のような見出しを立てて内容を分け、必要ならば図表も用いて説明がされています。後から読んだ人にとって必要な情報が正確に書かれており、言明には確実な根拠があげられているのが論文です。論文は、学会や地方の研究会などが発行する論文誌、機関や施設の紀要などに発表されます（詳しくは 2-2, p. 25 参照）。

　珍しい観察の事例は、愛好会や学校のサークルの会報に、論文ではなく記事として掲載されていることもあります。記事とは、例えば観察個体の形態の詳細や同定の根拠が書かれておらず、「○○にて××を採集した」とだけ書かれているようなものです。数枚の紙で作られた会報ですと、随筆、観察旅行の紀行文、会員の動静や例会の報告、催しの案内などの記事が掲載されています。これらは、メンバーが情報を交換したり人間関係を保ったりするうえで有意義なものですが、科学的資料となり得る観察の記録を発表する場としては適当ではありません。

　論文として発表する利点は2つあります。1つは、論文は情報を必要とする人の目にとまりやすいことです。ある種の分類や分布、生態について既知のことがらを調べようとした時、誰もがまず論文が載った雑誌類を精力的にあたることでしょう。しかし、会報の記事までは、調べたくてもなかなか調べることができません。会報の記事を見つけられなかった人が同じ観察をした場合には、「このことは今まで知ら

れていなかったが、私が初めて発見した」と主張してしまうことになるでしょう。あちらこちらの会報の記事に、自分が初記録だと主張する文章が掲載されるという滑稽な事態も起こり得ます。多くの人に読んでもらうためには、論文として発表する必要があります。同じ活字になるにしても、記事よりも論文として発表する価値の方がずっと高いのです。

　論文として発表する利点のもう1つは、論文の情報は正確で引用可能な形になっていることです。論文は科学的な文章で、必要なことはすべて書かれています。もし、論文の著者が不完全な文章を書いていても、編集者（査読つき雑誌の場合には査読者も）のチェックが入るので、不正確な記述や主観的な判断を排除したものが論文として掲載されます。

　会報の記事では、情報が不足していたり不正確だったりしても、そのまま掲載されてしまうことがあります。インターネットに掲載された情報も同様です。時には、誤った同定とともに写真が掲載されることもあります。

　日本鳥学会誌に毎号掲載されている日本産鳥類記録リスト[*3]では、あらゆる印刷物を調査して記録が稀少な鳥種の観察情報をまとめていますが、このリストを見ると、不正確な記述や必要な情報の欠如のために、同定をはじめとする著者の言明が正しいかどうかを判断できない記事や報告が多いことがわかります。せっかく発表されたのに、不備があるためにその記録を有効に利用できないのはとても残念なことです。

　以上のようなことから、論文として発表されていないことは、科学の世界ではわかっていないのと同じことになってしまうことがあると言ってよいでしょう。発表媒体を問わず単に活字にしたり、個人のホームページやブログに載せたりすると、貴重な観察や調査の結果が玉

---

*3：日本鳥学会日本産鳥類記録委員会のウェブページから閲覧できます。
　　http://wwwsoc.nii.ac.jp/osj/japanese/iinkai/kiroku/kiroku.html

石混淆の情報の海にのみ込まれてしまいます。きちんとした情報は、論文の形で残すことで意味をもつのです。フィールド系の生物学には、アマチュア観察者が寄与する余地があります。否、アマチュア観察者の貢献は重要なものであり、待たれていると言えます。ぜひ、野帳の記録を論文として公表しましょう。

1-3 論文を書く喜び

　論文を書くことは、野外での観察や調査に比べると興味がもてないという方もいるかもしれません。しかし、論文を書きあげ、掲載された時の喜びはとても大きなものです。論文を書くと次のようなよいこと、うれしいことがあります。

1-3-1 科学の進歩に貢献する

　科学の進歩に貢献することは、論文の第一の存在意義です。今まで知られていなかったことを明らかにし、科学の発展に関わることは論文の著者にとって大きな喜びです。

　アマチュア観察者の場合、事実を記載することに主眼をおいた論文を書く場合が多いと思います。このような論文は、資料として後の研究に役立ちます。例えば、ある地方の初記録はその種の分布域を明確にするための基礎的情報になります。将来、分布の変化を知る際に役立つかもしれません。食性（何を食っているか）や繁殖時期、産卵数、なわばり面積などを記載した論文も役に立ちます。他の地域を調査した人が比較したり、後年同じ地域を調査した人が変化を調べたりする時の資料になるからです。

　もちろん、資料として役立つだけでなく、その論文自体が科学的なテーマに新たな理解をもたらすこともあります。山田（1994）[4] はハス田と河川でコサギの採食行動を観察し、コサギはハス田だけでな

＊4：山田清 (1994) 餌および採食環境に応じたコサギ（*Egretta garzetta*）の採食行動と採食なわばり．日本鳥学会誌 42: 61-75

わばりを張っていることを見出しました。ハス田では、ある一定の地域の中で他個体を追い払う一方、その地域の外では他個体を無視したり逆に追い払われたりしており、一定の地域を防衛していることが観察されました（図A）。河川では、ある場所で他個体を追い払うこともありましたが、同じ場所で同じ相手に追われることもあり、移動して採食しながら単に小競り合いをしていることがわかりました（図B）。さらに、採食方法や餌生物の種類をも調査し、ハス田は餌が安定して確保できる環境だが、河川は不安定な環境であることを示しました。この論文は、同じ種であっても餌生物の時間的空間的分布によってなわばりを張ったり張らなかったりすることを明らかにしたもので、鳥類のなわばり行動の理解を進めるものです。著者の山田さんの

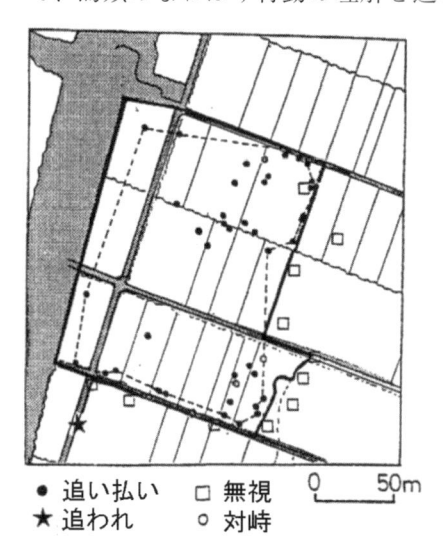

図A. ハス田におけるコサギのなわばり行動.
点線の範囲から他の個体を追い払い、なわばりを防衛していることがわかる。日本鳥学会の許可を得て、山田(1994)より改変して転載。

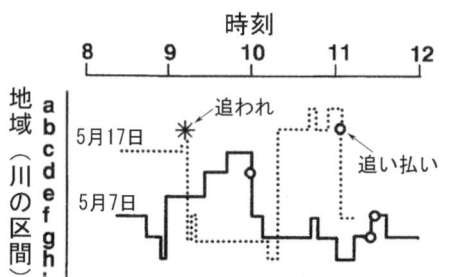

図B. 河川におけるコサギの小競り合い.
他個体を追い払うことはある（○印）が、同じ場所で追われることもあり（＊印）、一定の地域を防衛しているとは言えない。日本鳥学会の許可を得て、山田(1994)より改変して転載。

本職は中学校の先生です。プロの研究者ではありません。しかし、地道で詳細な観察から、鳥類の生態学に見事な貢献をしました。プロ、アマを問わず、論文を書くことで科学に貢献できることがおわかりいただけると思います。

1-3-2 自然や生物の保全に貢献する

　ある生物種が絶滅に瀕したり、ある地域の生態系が破壊されたりすることが、頻繁に起きていることはご存じのとおりです。そのような問題が起きた時、適切な保全策をとるためには科学的な情報が必要です。例えば、ある地域に道路を通そうとしたところ、絶滅に瀕する種がその近くに生息していたとします。道路を計画どおり建設するか、迂回ルートをとるかを判断するにあたっては、多くの情報が必要になります。その種が行動する範囲はどのくらいか、どういう場所でどのような食物をとるのか、また工事による騒音や人の動きで繁殖を中断することはないかなどは、判断に不可欠な情報でしょう。

　このように、動物の食性・行動圏の面積・移動能力・繁殖時期などの基礎的な生態の情報は、生態系や生物種の保全・管理に際してしばしば必要となります。しかし、これらの基礎的な生態が明らかにされている例は決して多くはありません。実際には、それらの情報がないために、適切な保全策をとることができないという例はあまりにも多いと言えましょう。論文の資料としての価値は、保全における必要性の面からも高まっています。

1-3-3 自分の研究が発展する

　論文を書くことは、自分自身にもプラスになります。観察事実や調査結果を論文にまとめていくプロセスでは、他の人から情報をもらったり、文献のコピーを送ってもらったりして、必要な情報を集めなくてはなりません。また、書いた原稿を読んでコメントしてもらわなくてはならないこともあるでしょう。このような他人とのやりとりによ

コラム　論文を書いてよかった

大歓迎されたアリヅカムシ 115 種の記録

　宮田隆輔さん・俊江さんご夫妻は、高知県で鉄工所を経営するかたわら、週末に登山や昆虫類の観察を楽しんでこられました。やがて、高知昆虫研究会の会員となり、高知県内の昆虫相の調査も行うようになりました。おふたりは地元のアリヅカムシ類に興味をもちました。アリヅカムシ類は多くが 1 mm ほどの微小な甲虫（こうちゅう）で、しかも土の中に住んでいるので、見つけるのは容易ではありません。それだけに見つけた時の喜びは大きなものでした。そうして収集・記録を続けていったものの、研究者が少ないアリヅカムシ類の同定は非常に困難なものでした。そこで、国立科学博物館の分類学者（野村周平研究員）に同定を依頼することにしました。充実した採集記録とともに多くの標本を見た野村研究員は、この貴重な記録を眠らせてはならないと、宮田さんに論文として発表するように勧めました。そして 3 人の共同作業の結果、高知県のアリヅカムシの報文が高知昆虫研究会の機関誌『げんせい』に発表されました。

　この論文は、アリヅカムシを調査する際の参考書的資料としてたいへん役立つものとなりました。それまでの一般的な図鑑には、アリヅカムシは 30 種前後しか掲載されていませんでしたが、この論文では何と 115 種がカラー図版とともに掲載されていたからです。過去のデータとの比較、近似種に関する情報も網羅されており、単なる 1 つの県の目録（リスト）というにとどまらない画期的な論文と評価されています。論文が掲載された『げんせい』には多数の購入希望が寄せられました。

　宮田さんは最初、論文発表を考えてはいませんでした。自分のもっている標本の価値や記録の重要性がよくわかっていなかったのだそうです。しかし、地元のフィールドで長年蓄積してきた標本や記録には、かけがえのない価値がありました。論文は、アリヅカムシの調査や保全にこれからも多くの人に利用されることでしょう。宮田さんは「これだけの反響がある成果だったとは、やはり論文にしてよかった」と話しておられますが、読者も「論文にしてもらってよかった」と思っていることでしょう。

論文：
　野村周平・宮田隆輔・宮田俊江 (2006) 高知県のアリヅカムシ．げんせい (81): 3-46.

って、その論文は確実によいものになっていきます。もしも、その観察や調査を論文にまとめようとしなかった場合を想像してみてください。自分の発見や調査結果に関わる情報を精力的に集めたり、ひとりよがりの解釈をしていないかと厳しくチェックしたりするでしょうか。論文として他人様に見せるとなると、お粗末なものを公開して恥をかきたくはありません。この思いが、観察事実を客観視したり、その研究をよいものにしていったりすることにつながります。

　また、論文を書くことは、次の観察や調査をよくすることにもつながります。論文を書いてみると、形態の観察が不十分であったことやいろいろな写真を撮っておくべきだったことに気づくことがあります。また、調査を定期的に行えばよかった、調査場所をもう少し増やすべきだったなどという反省も生まれます。このようなことが、次にフィールドに出た時の観察を鋭いものにします。また、価値の高いデータやまとめやすい結果が得られる調査を可能にします。論文を書くことによって観察や研究の能力が高くなり、次はもっとよい論文を書けるようになるのです。

　さらに、論文を書くことは、人の輪を広げていきます。論文が掲載されると、別刷り（雑誌の中で自分の論文の部分だけを抜き出して印刷したもの）がほしいというはがきがきたり、質問が電子メールで届いたりします。そのようなやりとりから、研究の仲間が増え、情報が集まってきます。情報は自ら発信しているところに多く集まるというのは本当です。少し大げさに言えば、論文を発表することは、フィールド観察者や研究者としての自分の人生を充実させていくことにつながると思います。

1-3-4 自分の名前が活字になる

　自分の名前が印刷された論文を手にするのは、理屈抜きでうれしいことです。あこがれの大先生の論文や、自分が一所懸命読んで勉強した論文が載っていたのと同じ雑誌に、自分の論文が印刷されたのだと

思うと舞い踊りたくなるほどです。このうれしい気持ちを想像すると、がんばって論文を書こうという意欲もわいてきます。書いたままに掲載される会報の短い記事とは違い、苦労して書きあげ、他人のコメントをもらって何度も書き直した原稿が論文として活字になることは、大きな達成感があります。

なじみ深いフィールドが生む成果

　植物の中には、異なる種でありながら、交配して雑種ができるものがあります。千葉県の高校の先生である谷城勝弘さんは、地域の植物相を調査する中で発見した新雑種を論文として発表してきました。雑種植物は種子ができなくても栄養生殖（匍匐茎やむかごによる生殖）によって増え、場所によっては両親種よりも多くなることがあります。したがって、雑種植物にきちんと和名や学名をつけることは、植物相を正確に記録するために重要なことです。

　谷城さんが調べているカヤツリグサ科は、互いに似ている種が多く、特に同定が難しいグループです。雑種の発見はさらに難しく、谷城さんが論文で発表した組み合わせの雑種は、その存在すら知られていませんでした。ですから、今まで知られていなかった交配が起きることを報じた点で、論文は価値があったと言えるでしょう。また、この論文には、両親種の類縁関係を推定したり、一般に雑種が形成される要因の理解を進めたりするうえでも重要な意味がありました。

　種の識別さえ難しいカヤツリグサ科について、なぜ、谷城さんは雑種を発見できるのでしょう。話をうかがってみると、谷城さんは鋭い観察眼をもつだけではなく、子供の頃からなじんだ自分のフィールドの特性をよく把握しておられ、それが発見につながっているらしいと思えました。例え

1-4 論文を書かなくてはならない理由

アマチュアとして観察や調査をしている人にとって、論文を書くことが義務であるとは言えません。しかし、科学の進歩に貢献することや自然を守るために役立つことを見出したのに、大きな理由なしに公表しないという選択肢をとるとしたら、それはいかがなものかと思います。論文を書かなくてはならない理由もあるのではないでしょうか。

コラム　論文を書いてよかった

ば、オオクグとムジナスゲという種は、それぞれ汽水域と寒冷地の湿地が分布の中心です。この雑種が発見された多古光湿原は内陸にあるものの、かつて入り江であったためオオクグが生えており、寒冷な時代の遺存と考えられるムジナスゲと同居しています。特別な雑種ができそうな珍しい場所であることを谷城さんは知っていたのです。誰も調査していないフィールドで人に知られずに生息していた雑種を発見したのは、地史を含む地元の情報に通じ、繰り返し足を運んだアマチュア研究者ならではのことと思います。

　雑種をはじめ保護を必要とする種の生息状況を調べあげた谷城さんの報告書は、時には行政を動かし、地域の貴重な植物を保護育成するための植物園が作られるまでになりました。地域の植物や自然に関心をもつ人の集まりが生まれ、観察会などの活動も行われています。論文を書いたことは、カヤツリグサ科の分類学に寄与しただけではなく、植物を含む生物多様性の保全に貢献し、さらに自然を大切にする人の集まりを作り出したのです。

主な論文：
　遠藤泰彦・谷城勝弘 (1995) ムジナスゲとオオクグの雑種 ［英文］. 植物研究雑誌 70: 273-279.
　谷城勝弘 (2004) ホタルイとイヌホタルイの推定雑種 ［英文］. 植物研究雑誌 79: 96-100.

1-4-1 お世話になった人のために

　観察や調査を行う時には、いろいろな人のお世話になります。資料を送ってもらったり、他の地域での観察情報を尋ねて教えてもらったりすることはよくあります。時には、統計や分析の方法を教えてもらったり、自作のコンピューターソフトを使わせてもらったりすることもあります。

人との関わりがよい論文をつくる

　峯岸典雄さんは、巣箱かけや声の録音で得られたデータをもとにして、鳥の論文を発表しておられます。峯岸さんに論文が出版された後の気持ちをうかがってみました。

　論文が掲載されると言うに言われぬ達成感・満足感があるそうです。インターネットを見た人から「検索すると峯岸さんの論文がたくさん出てくる。すごいね」などと言われると、それまでの苦労も吹き飛ぶようだということです。

　峯岸さんのがんばりは、実際たいへんなものです。商社を定年退職してから鳥の調査を始め、日本各地をフィールドにたくさんの巣箱をかけ、時には面倒な統計を使った分析も行っています。最初は論文発表など考えていなかったが、調査内容を知ったプロの研究者に勧められて論文を書き始めたとのことですが、とてもそうは思えないほどです。

　ご本人は「好きで研究しているだけ」「わからないことは『当たって砕けろ』で、人に聞けばよい」とおっしゃり、フィールドでも論文作成でも、いろいろな人と協力関係を築いておられます。これはとても大切なことに思えます。調査の結果を論文にすることを考えると「ちょっとたいへんだな」「無理かな」と思う時もありますが、他人に尋ねたり助けを求めたりするとけっこう解決してしまうものです。いくつになっても自分の知らな

これらの過程であなたを援助してくれた人は、研究結果が論文として公表されることを望んでいると思います。もしも、相談に応じて手助けをしたのに、それを生かして行った調査の結果が公表されなかったらどうでしょう。きちんとまとめて論文とした方が、喜んでもらえるのではないでしょうか。研究への援助というほどではなくても、観察や調査では、いろいろと人のお世話になることがあります。観察地の情報をくれた仲間に対しても、あぜ道から写真を撮らせてもらった

コラム　論文を書いてよかった

いことは他人に教わり、ひとりでできないことは援助を得るという姿勢は、科学しようとする者にとって大切なことだと感じました。峯岸さんはパソコンも71歳になってから始めてマスターしたそうです。自分で自分の限界を決めてしまったり、自分の周りに柵を作ってしまったりしないことで、豊かな可能性が広がることを教えられた気がします。

　峯岸さんの論文発表後の達成感が大きいのは、査読つきの雑誌に投稿し、審査を経て掲載に至っているためでもあるでしょう。最初の原稿は「めちゃくちゃ直された」というほど、大幅な書き直しを求められたといいます。査読者のコメントは普通に読むと腹立たしいものだが、遠慮会釈のない書き方をするものだと割り切って、客観的に第三者の立場からとらえるようにしているそうです。峯岸さんの論文の適切な考察と正確な文章表現は、この冷静な改訂作業にもよるものと思います。

主な論文：
　峯岸典雄 (2005) 巣箱の設置数のスズメとシジュウカラ類の営巣数への影響．Bird Research 1: A9-A14.
　峯岸典雄 (2007) 録音データの解析により明らかになった軽井沢の鳥類の減少．Bird Research 3: A1-A9.

農家の方に対しても、成果をまとめることはお礼になると思います。発表に値するだけの成果が得られた時には、自己満足で終わらせず、援助してくれた人のためにも論文にまとめるという気持ちをもちたいものです。

1-4-2 対象とした生物のために

観察や調査では、対象とする生物の生活をかき乱してしまうことがしばしばあります。例えば、鳥の巣をのぞいたり、林床植物を踏みつけてしまったりすることはよくありますし、実験的に同種の音声を聞かせたり、一時捕獲したりすることが必要な調査もあります。許可を得て行うにせよ、ペイントや足環などで印をつけられたり、発信器をつけられたりすることは、対象生物には迷惑このうえないことでしょう。

私は、鳥に色足環をつけて観察することがよくありますが、「足環をつけた鳥の手前、論文にする義埋がある」と思って、論文書きをがんばることにしています。野外観察を行う人は皆、対象とする生物に愛情をもっていると思います。愛情をもっている相手に多少なりとも迷惑をかけて調べた以上、何がわかったのかをはっきりさせ、広く知らせたいと思うのではないでしょうか。迷惑をかけた理由が、もしも調査者の自己満足であるとしたら、とても残念だと思います。

2 わかりやすい文章の書き方

　この章では、あらゆる論文における文章の書き方、作文の技術について説明します。一例の観察を報告する短い論文にも、大きな研究をまとめた長い論文にも共通する文章の書き方です。論文に特別な文章術があるわけではありませんが、わかりやすい、よい論文を書くためにはいくつか心がけるべきことがあります。以下の点を参考にしていただきたいと思います。

2-1 わかりやすさが何より大切

　論文はわかりやすいことが何より大切です。掲載前の審査がある査読つき雑誌の場合、審査のポイントのひとつはreadability（わかりやすく読めること）となっているくらいです。わかりやすい文章とは、誰が読んでも同じ意味にとることができる文です。それは単純な構造で、はっきりと書かれている文です。含みをもたせた名文をひねり出す必要はありません。感動や共感をよぶ技術も、もちろん必要ありません。科学的な文章を書き慣れていない方には、味も素っ気もないと思えるくらいの文がよいのです。以下、わかりやすい文章を書くコツをあげていきます。

2-2 話を少しずつ進める

　論文原稿を他人に読んでもらうと「わかりにくい文章だ」「何が言いたいのかわからない」というコメントをもらうことがあります。論文を書き慣れないうちは、なぜそのような批判を受けるのか理解できないかもしれません。「日本語で書いてあるのに、どうしてわからないのだろう」と思えるかもしれません。

もちろん、「わからない」というのは日本語として意味がとれないということではありません。論文の中である主張をしているが、なぜそのような主張ができるのかわからないということなのです。つまり、根拠があげられていない、論理が飛躍しているということです。書き手は、根拠や細かい論理を省略してしまいがちです。

> ■悪い例
> ……。以上のように、10月25日に埼玉県桶川市でコバシチドリを確認した。この個体は10月29日隣の上尾市に移動していた（山田太郎 私信）。

　もしこのような論文を読んだら、読者は困惑するでしょう。いきなり、「移動していた」と言われても、なぜそのように判断できるかがわからないからです。鳥が飛んで移動していくところを、桶川市から上尾市まで追いかけて見ていたはずはありません。事実として書くべきなのは、上尾市でコバシチドリが観察された時点で、以前見られた桶川市では観察されなかったということです。また、標識をつけるなどして個体を特定したわけではないでしょうから、その個体が移動したというのは推定であることも明らかにしなくてはなりません。さらに、2か所で見られた鳥が、別々の個体である可能性はないのかについても触れる必要があるでしょう。このように話を少しずつ進めて「移動していた」と考えられることを説明すると、わかりやすい文章になります。

> □よい例
> ……。以上のように、10月25日に埼玉県桶川市の荒川河川敷でコバシチドリを観察した。その場所では10月26日以降、コバシチドリは観察されなかった。一方、10月29日に隣の上尾市でコバシチドリが観察された（山田太郎 私信）。これらの他には、10月下旬に近隣でコバシチドリの観察情報はなかった。したがって、2か所で観察されたコバシチドリは同一個体で桶川市から上尾市に移動した可能性が高い。

論文は見たこと、考えたことを説明する文章です。説明を読者に理解してもらうには、話が飛んではいけません。少しずつ少しずつ進めることが肝要です。少しでも論理が飛躍しているところがあると、読者は説明についていくことができなくなる危険があります。例えるならば、読者はへっぴり腰ではしごを登っていく人のようなものです。横桟（横の棒）が細かい間隔でついていれば、何とか登っていくことができます。しかし、横桟が1本はずれていたら、もうそこから上に行くことはできません。**話を少しずつ進めるのが、わかりやすい説明文を書く基本**です。

　話を少しずつ進めて文章を書くには、あらかじめ書く内容の論理を細かく組み立てておかなくてはなりません。論文の著者は、実際に野外で観察していますし、関連情報にも通じています。また、自分の研究のことをずっと考えています。そのため、頭の中では、途中の細かい論理を飛ばしていきなり結論に達してしまうことがあります。先の悪い例（鳥が移動していた）のように、論文の著者には同一個体が移動したことは間違いのない事実だと思えるものです。他の人も当然そう考えるだろうと思ってしまうかもしれません。しかし、わかりやすく説明するためには、細かい論理の進め方をはっきりと示さなくてはなりません。

　「そこまで読者にサービスしなくてはならないのか？」などと思わ

ないでください。論理を細かく組み立てることは、しっかりとした論理展開で説明するということです。途中の論理を省いてしまうと、論理の組み立てがあやしい文章を書いてしまう可能性があります。わかりにくい文章は、途中の細かい論理を省略したから理解しにくいというばかりではなく、しっかりとした論理をもたない、あいまいな主張をしている危険があるのです。

2-3 短い文を書く

わかりやすい文章を書くために、実際にどのような文を綴ればよいかと問われたら、私は迷うことなく、短い文を書くことだと答えます。日本語の文は、最後まで読まないと意味をとらえることができないとよく言われます。長い文を読んでいると、最後にたどり着くまでの間に最初に書かれていたことの記憶があやふやになって、読み終えた時に全体の文意を把握しにくいということが起こります。また、長い文は構造が複雑になりがちなので、書き手にとっても間違いを犯しやすくなります。実際に論文原稿を読んでいて、わかりにくい文や文法に誤りがある文を直す時、短い文に分割するということは頻繁に起こります。長い文で犯しがちな問題を４つあげ、短い文を書くことでそれが回避できることを説明します。

2-3-1 なくてもわかるなら省く

長い文はよけいなことが書いてあることが多いものです。論文にはよけいなことは書かないことが重要です。普通の文章に比べると素っ気ないくらいに、**なくても意味が通じることは書かず、短い文を書く**ように心がけましょう。

> ■悪い例
> 　図２はオスの翼長となわばり面積の関係をグラフ化したものであるが、これを見るとわかるように、翼長が大きなオスほど広いなわばりをもつ傾向が見出された。

この例のように、よけいな前置きはいりません。

□**よい例**
　翼長が大きなオスほど広いなわばりをもっていた（図2）。

　これで十分です。この文を読めばどのような結果であったのかがわかりますし、指定された図2を見れば図のタイトルや縦軸・横軸の説明があり、実際の翼長となわばりの関係がわかるでしょう。悪い例から削除した部分、「図2はオスの翼長となわばり面積の関係をグラフ化したものであるが、これを見るとわかるように」は、書かれていなくてもまったく困りません。つまりよけいな部分です。

　「よけいと言うが、書いてあった方が読みやすいのではないか」という考えもあるかもしれません。しかし、論文は説明のための文章です。一つひとつの文が情報を伝え、それらが論理的につながって、著者の見たこと、考えたことを説明します。読者が読んで理解するうえで重要なのは、意味のある情報が細かい論理でつながっていることです。意味のない記述が挿入されることは、理解を妨げてしまうのです。

　よけいな接続詞の挿入もよく見られます。「しかし」は、本当に逆接の場合にだけ使います。必要のない「そして」「こういうわけで」は、ない方がすっきりします。同時通訳では、接続詞を多く用いることで自然な日本語にすると聞いたことがありますが、論文は異なります。論理的につながった短い文が続いていれば、読んで意味を理解することができます。文の調子を整えるために不要な接続詞を挿入する必要はありません。

2-3-2 修飾関係をはっきりさせる

　論文の文は、誰が読んでも同じ意味にとることができるものでなくてなりません。芸術作品のように、受け手によって異なる感じを受けるなどという論文では困ります。人によって異なる意味にとらえられ

てしまう可能性がある文は、語句の修飾関係が明らかではない文です。修飾語がどの語にかかるのかがはっきりしない文は、わかりにくいものです。はっきりしない修飾関係は、しばしば長い文の中に現れます。

■悪い例
　メスは黄褐色で黒い斑点がある細かい草でできた巣を作った。

○２つの解釈
① メスは黄褐色で黒い斑点がある 細かい草でできた巣を作った。

② メスは黄褐色で黒い斑点がある 細かい草でできた 巣を作った。

　この文では、「黄褐色で黒い斑点がある」のは、①巣を作っている細かい草なのか、②巣全体なのかがよくわかりません。巣全体は黄褐色で黒い斑点があり、巣の材料が細かい草であったのならば（②の意味ならば）、次のように書くとよいでしょう。

斑点があるのはどっち？

□よい例
　メスは黄褐色で黒い斑点がある巣を作った。巣は細かい草でできていた。

短い文を使うことによって、**語句の修飾関係がはっきり**とし、誰に対しても同じ意味が伝わります。長い文のまま文法を整えようとするよりも、簡単で確実な改善方法です。

2-3-3 主語と述語を対応させる

主語と述語が対応していない文は読んでわかりにくいだけではなく、文法的に誤ったものです。この主語と述語のねじれも、長い文で起こる間違いのひとつです。

■悪い例
1　オスの配偶戦略は、活発にさえずって広いなわばりをはることによって、多くのメスを獲得し一夫多妻になる。
2　山田（2008）は、ヘビによる卵の捕食では巣の破壊がともなわないこと、そして他の捕食者と考えられる動物はイタチしか生息していなかったことから、巣の破壊をともなう捕食はイタチによるものと考えられる。

いずれの文も、書いた人が言いたいことはわかるような気がします。しかし、述語が主語と対応していません。正しくは、1は「オスの配偶戦略は、……一夫多妻になる<u>ことである</u>」、2は「山田（2008）は、……よるものと<u>考えた</u>」のようにしなくてはなりません。しかし、このように文末を変えるだけの改善策はお勧めできません。そもそも主語と述語がねじれた文ができたのは、著者が1つの文を書いている途中で、前に書いた主語を忘れてしまったからです。読者にとっても、一息で読める長さではないはずです。読んでいる途中で前の部分を忘れてしまう（可能性がある）ほどの長い文は、たとえ主語と述語がねじれていなくてもわかりやすい文とは言えないでしょう。私は、

以下のように複数の短い文に分けて書くのがよいと思います。

> □よい例
> 1 オスの配偶戦略は、多くのメスを獲得して一夫多妻になることである。そのために、活発にさえずって広いなわばりをはる。
> 2 山田（2008）は、巣の破壊をともなう捕食はイタチによるものと考えた。それは、ヘビによる卵の捕食では巣の破壊をともなわず、また他の捕食者と考えられる動物はイタチしか生息していなかったことによる。

2-3-4 複数のことを分けて説明する

複数のことを1つの文で説明すると、長くわかりにくい文になりがちです。

> ■悪い例
> 調査にあたっては、1週間に1回センサスによって生息数を調査する生息数調査区と、毎日なわばりオスのさえずり頻度と繁殖メスの行動を調査する繁殖行動調査区を設定した。さえずり頻度の測定は……

「Aは……、Bは……」と2つのことを並べて説明したい、あるいは比較したいという場合があります。このような場合、頭の中にあることをそのまま書き出していくと長い文になってしまいます。改善策としては、まず読者にAとBの2つがあることを伝え、それからA、Bそれぞれの中身を説明するのがよいでしょう。

> □よい例
> 調査にあたっては、生息数調査区と繁殖行動調査区を設定した。前者では、1週間に1回センサスによって生息数を調査した。後者では、毎日なわばりオスのさえずり頻度と繁殖メスの行動を調査した。さえずり頻度の測定は……

このようにすると、それぞれの文は短いので理解しやすくなります。また、最初に全貌を明らかにし、後で個別に詳しく説明するという文

章の構造から、全体が理解しやすくなります。

以上のように、**長い文には弊害がたくさん**あります。**短い文で書くことを心がけるだけで、それらを自然に回避**することができます。

2-4 一般的な語を用いる

著者が作り出した語や独自の表現は、読者に違和感を与えたり、文章をわかりにくいものにしたりすることがあります。

> ■悪い例
> ソナグラム上で最高周波数（MXF）、最低周波数（MNF）、さえずりの持続時間（DRTN）、さえずりの間の無音の時間（INT）を測定した。…（中略）…繁殖期の初期には、MNFが低く、DRTNが長い傾向があった。獲得メス数に関係があったのは、MXF、MNF、INTであった。

自分の研究で繰り返し使われる言葉は、略語で書きたくなるものです。自分のノートやパソコンのファイルの中ではそれでよいでしょう。しかし、論文の中ではできるだけ控えるべきです。なぜなら、著者独自の略語を覚えなくてはならない分だけ、読者にとってわかりにくい記述になるからです。例のように、たとえ定義をきちんと書いてあったとしても、読者は「MNFって何だったっけ？」と定義を読み返さなくてはなりません。ある程度繰り返し出てくる言葉であったとしても、できるだけ**略語を使わず、普通の言葉で書く**ことをお勧めします。

> □よい例
> ソナグラム上で最高周波数、最低周波数、さえずりの持続時間、さえずりの間の無音の時間（さえずり間隔）を測定した。…（中略）…繁殖期の初期には、最低周波数が低く、さえずり持続時間が長い傾向があった。獲得メス数に関係があったのは、最高周波数・最低周波数・さえずり間隔であった。

アルファベットを使った略語に限らず、著者独自の言葉や表現を用いることはわかりにくさを生みます。特に、よく見かけるのは、擬人的表現や著者の解釈が含まれる独特な言葉です。

■悪い例
　オスはつがいを形成する前は、長いさえずりを用い、なわばりを顕示していた。つがい相手のメスを得た後はさえずることはなかったが、メスが他のオスのなわばりに入っていくと、なわばり境界付近で短いさえずりを繰り返し行い、メスを連れ戻そうとした。このオスによる連れ戻し行動はメスが抱卵に入ると見られなくなった。

　なわばりを「顕示」していたのか、メスを「連れ戻そう」としていたのかは、にわかに判断できることではありません。そのように見えた、そう思ったという解釈を加えて、擬人的表現を使ってしまうのはよいことではありません。これらの表現を使わなくても、事実を記載することはできます。

□よい例
　オスはつがいを形成する前は、長いさえずりをした。つがい相手のメスを得た後は長いさえずりをすることはなかった。メスが他のオスのなわばりに入った場合には、なわばり境界付近で短いさえずりを繰り返し行った。この行動はメスが抱卵に入ると見られなくなった。

　この改善例では、「顕示」や「連れ戻し」という言葉は使っていませんが、十分事実を伝えることができています。もし、長いさえずりがなわばり宣言の機能をもつこと、あるいは、短いさえずりがメスをオスのもとにひきつけるためのものであることを主張したければ、別の部分（例えば、考察を述べる部分）で、根拠をあげて行わなくてはなりません。

　略語などの著者が創作した語や、独自の表現はすべていけないというのではありません。しかし、わかりにくい文章や不正確な記述を生むことが多いことは、理解していただけたと思います。できるだけ一般的な語で説明するように心がけましょう。独自な語や表現は、それを使った方が読者にとってわかりやすくなるという時だけにします。

2-5 あいまいな表現を排除する

　当然のことながら、論文の文章ではあいまいな表現は禁物です。次のような表現は可能な限り改めなくてはなりません。

> ■悪い例
> 1 ホオジロ<u>のような</u>種においては、植物の種子散布は行われないだろう。
> 【改善の方法】ホオジロの他にどのような種があるのか、あるいはどのような特性をもった鳥種が種子散布を行わないというのかを具体的に示す。
> 2 <u>例えば</u>、周りで盛んに鳴くことによって、営巣場所からフクロウを遠ざける。
> 【改善の方法】周りで鳴くことの他に、フクロウを営巣場所から遠ざける方法があるのならば、具体的に書く。他に方法がないのならば、「例えば」とは書かない。
> 3 <u>少数の</u>個体は昼間もねぐらで観察された。
> 【改善の方法】「100羽前後の個体」「20〜30個体」などと、わかる範囲で具体的に書く。

　正確なところを断言できないから「‥‥‥等」などと含みをもたせておく、その方が批判されずに済むと考えるのは、一般の文章を書く時にはよくあることかもしれません。しかし、論文では**具体的にはっきりと書くことが何より重要**です。上の例の「‥‥‥のような」「例えば‥‥‥によって」「少数の」という表現はあいまいなものです。「他にはどうなっているのか」「実際の数字はどれくらいなのか」と、読者は疑問をもつでしょう。「など」「‥‥‥程度」「いくつかの例では」「‥‥‥によっても可能」などの表現も同様です。原則としてこれらの表現は避け、わかる範囲で具体的に書くようにしましょう。

　これらのあいまいな表現の他に、**価値判断を含む語の使用にも注意**が必要です。価値判断を含む語とは、「よい」「悪い」のように評価をともなうものです。評価は人によって異なることがあります。したがって、価値判断を含む言明は、科学的にわかったと言えることではあ

りません。あいまいな言明です。保全への提言など特別な部分を除いては、論文の中で価値判断をする必要があることはないでしょう。

> ■悪い例
> 1 コサギにとって、水田の方がハス田よりもよい環境であることがわかった。
> 2 成鳥は幼鳥よりもさえずりが複雑だったので、さえずり方は年を経ると進歩すると考えられる。

それぞれ「よい」環境、さえずり方が「進歩」などと価値判断を含む語を使わずに、以下のように具体的に中立的な語感で書けばよいでしょう。

> □よい例
> 1 コサギにとって、水田の方がハス田より食物が得やすい環境であることがわかった。
> 2 成鳥は幼鳥よりもさえずりが複雑だったので、この鳥は1歳以降もさえずりを学習するものと考えられる。

最後にもうひとつ、あいまいな表現を避けるために、推量表現を減らすことを心がけてほしいと思います。「……と思われる」「……ということも考えられる」「……であろう」「……かもしれない」という表現が続くと、あまりにもはっきりとしない、弱い主張をしているようにとらえられてしまいます。もちろん、推量にすぎないことを断定的に書くのがよいというのではありません。必要以上に推量表現を使わない方がよいということです。また、推量表現を連ねなくてはならないようなあいまいなことを論文に書くのは、そもそも問題です。たとえ考察の部分であったとしても、結果からわかったことを説明するわけで、推量に推量を重ねるような文章であってよいわけはありません。そのような文章だとしたら、それは考察とは言えないでしょう。

2-6 カギカッコは吟味して使う

　論文の中では、カギカッコをどのように使うのが適切でしょうか。カギカッコを使う代表的なものは、カナ書きで表す音声でしょう。また、文献の記述を引用する際に使う場合もあります。

> □**よい例**
> 1　観察した個体は「ホーホケチッ」「ホホホホホケキョッ」などと聞こえる声で鳴いた。
> 2　濱尾（1997）は「足輪をつけた成鳥30羽のうち5羽（17%）が、翌年も調査地に戻ってきた」と述べている。

　2つ目の例のように、文献の記述をカギカッコに入れて引用する場合、元の記述そのままを引き写します。表現を変えたりまとめたりしたものをカギカッコでくくってしまうと、文献の著者が書いていないことを書いたと主張することになってしまうので、問題があります。

　ところで、論文中で、カギカッコに入れて文献の記述を引用する必要があるのはまれなケースであることも述べておきたいと思います。例えば、分類に関する論文では、文献中の形態の記述を言葉遣いまで正確に引用したいということもあるでしょう。しかし、一般には、文献の記述を一語一句まで正確に引き写す必要はありません。どのようなことが書いてあるのかを自分なりに要約して引用すればよいはずです。先の例2であれば、「濱尾（1997）によると、翌年も調査地に戻ってきた成鳥は17%であったという」などと書けばよいわけです。

　音声や文献の引用以外に、独自の語を作り出した場合や、一般的な語に独自のニュアンスをもたせた場合にカギカッコを使うことがあります。しかし、私はこれもお勧めしません。

> ■**悪い例**
> 1　このようにして計算したものを「推定捕食率」と呼ぶことにする。「推定捕食率」は個体による違いが大きく、……
> 2　早朝に採食する生ゴミに食物を依存するハシブトガラスも、昼間

> 林内で昆虫を探し「間食」をとることがある。

　1つ目の例は、ある用語を定義した場合です。しかし、著者が定義した語にカギカッコをつける必要はありません。カギカッコがなくても十分わかります。逆に、推定捕食率という語が現れる度にカギカッコがついていると、わずらわしく感じられます。

　2つ目の例は、間食という一般的な語に著者が独特の意味、ニュアンスを付加したことをカギカッコで示したものです。カラスが主要な食物ではないものを、時間も違えてとることに、間食という言葉をあてはめ、その独自の表現をカギカッコで表してあります。このように、ある言葉に筆者が独特のニュアンスを付加した場合にカギカッコをつけることは、論文以外の一般の文章ではよく行われます。しかし、論文の中の文章では、独特のニュアンスの付加など必要ありません。不正確な表現を招くだけです。間食の例でも、昆虫を採食したと書けば済むことです。

　論文では、わかりやすい文章、誰にでも同じ意味をとることができる文章を書くことが第一です。そう考えると、論文の文章で**カギカッコを使ってもよい場合、使うのが適切な場合は非常に少ない**ことが理解いただけるでしょう。

3 くじけず論文を書きあげるために

　この章では、論文を作成していく時の作業の進め方を説明します。論文を書こうと机に向かっても、いきなり文章を綴っていくことができるわけではありません。その前に構想を練るための作業があります。

　論文には、ある地方で初記録となる観察事例などの「記録・報告」と、調査からある程度のデータを集めた「原著論文」の2つがあります（詳しくは4-1, p. 61参照）。執筆前に構想を練ることはいずれの論文でも必要ですが、特に原著論文の場合は構想を練る作業なしに執筆することは不可能です。構想をまとめ、執筆し、原稿を完成するまでの工夫を紹介します。

　実際に論文を書いていくと、いろいろな障害や心配が生じて気が重くなることもあります。この章には、つまずきとなりやすい問題を避ける方法や心配を解消するためのアドバイスも載せました。くじけず、元気に論文執筆を進めるためにお役立てください。

3-1 「おもしろい」と思うことを中心にすえる

　観察や調査の中で自分が興味をもったこと、それが論文の構想を練る時の原点となります。簡単に言えば、友人に「こういうおもしろいことがあったんだ」と話したくなるようなことを論文の中心にすえるのです。

　例えば、「日本で記録のない鳥を見たんだ」と話したいような観察であれば、日本初記録であることを主題として論文（記録・報告）を書けばよいわけです。このように一例の観察ならば、他人に伝えたいおもしろいことは、はっきりしていることでしょう。一方、長い期間にわたる調査からはどうでしょう。よく考えると「ある種がだんだん

減っている」「梅雨が長い年には繁殖が失敗する」など、いろいろおもしろいことに気づくことと思います。このような科学的におもしろいと思うことを中心に論文（原著論文）をまとめます。論文は、科学的に興味深いことがらがきちんと他人に伝えるように書いてあればよいわけです。

前に、論文を書くと、科学の進歩や生物の保全に貢献すると述べました（1-3, p. 15 参照）が、それは論文を書くことで生じるメリットです。何を論文に書こうかと考える時に、「科学の進歩に貢献するように」などということを出発点にする必要はありません。「おもしろい」と思うことを出発点とした方が構想を練りやすいし、よい論文を書くことができます。

また、原著論文にはオリジナリティが必要です。つまり科学的に意味のある新しい知見が含まれていなくてはなりません（詳しくは6章参照）。したがって、本当は、論文の中心にすえることが「科学的に意味があるか」「今までに知られていないことか」を検討しなくてはなりません。しかし、構想を練り始める時に、その制約をあまり考える必要はないでしょう。ここで述べた「おもしろい」と感じることは、十分オリジナリティの芽生えとなるものです。そして、特に珍しいことを目にしたわけでなくても、オリジナリティを生み出すことは可能なのです。ここでは、論文の構想を練り始める時には、**「おもしろい」と思うことからスタートする**ということを理解しておいていただければけっこうです。

3-2 結果を図にまとめてみる

「おもしろい」と思うことはあるが、データを前にして何をどうすればよいのかわからないという時は、まず図を作ってみましょう。図が中心となって、論文の構成（作り）を考えやすくなっていきます。また、図を作ることは、文章を綴ることほど気が重くならず、楽しみながら行うことができるので、作業をスタートさせやすくなります。

記録や報告の論文でも図を整えることは大切ですが、原著論文を書く場合には、図を見て論文の構成を考えることが特に重要です。作った図を見て考えることで、他の結果をどのようにまとめるかについてアイデアがわいてきます。また、調べなくてはならない文献や情報が明らかになってきます。

　今、あなたの手元に6年間、同じ地域で鳥類の生息数を調べたデータがあり、これを原著論文にまとめたいと考えているとしましょう。調査中におもしろいと思っていたこと、あるいは調査データを見ていたらおもしろいと気づいたことは何でしょうか。そういうことを図にしてみます。例えば、年によって冬鳥のツグミが渡来する時期がまちまちであると感じていたら、次のような図を作ってみます。

　この図を作ることで、自分が感じていたとおり、渡来時期が年によって異なっていることがはっきりしてきます。また、この図を見て考えていると、他の鳥ではどうなのかを同じように図にしてみようとか、それぞれの年の渡来時期を気象データとつき合わせてみようなどとアイデアがわいてきます。例えば、ツグミの渡来は降雪と関係があることを見つけたとしましょう。すると、以下のようなことを結果として

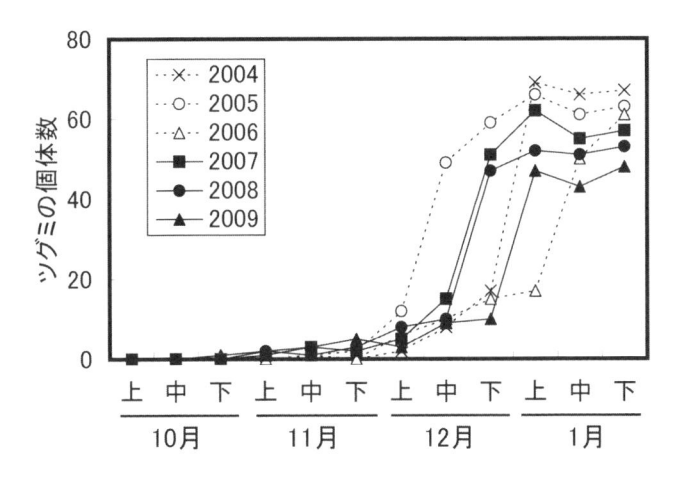

ツグミの渡来時期の年変動をまとめるために試作した図の例．

論文を書いてみようと考えがまとまってきます。

> **例1　作った図から考えた結果**
> ・ツグミの渡来時期は年によって異なる。－（図1）
> ・他の冬鳥では、年による差はあまり大きくない。－（図2）
> ・ツグミの渡来時期は、調査地周辺の山に降雪があった時期とほぼ一致する。－（図3）

　もう1つ例をあげます。もし、同じような鳥類調査をして、おもしろいと感じていることに、タカ類が多い時はカモ類が少ないという事実があったとします。その場合は、次のような図を作ってみるとよいでしょう。

　この図を見ると、確かにタカ類とカモ類の観察個体数の間に関係のあることがわかります。タカがいるとカモが警戒してやってこないのかもしれません。しかし、この結果だけでは、タカが原因でカモの数が変化するのかどうかはわかりません。気象条件や観察した時期など他の要因によって、タカ類とカモ類の個体数に相関が現れただけかもしれないからです。もし、タカがいることが原因でカモが減っているのだと考えているのであれば、それを裏づける（あるいは、示唆する）他の結果（図）も示さなくてはなりません。すると次の作業として、例えば、タカが多い時はカモが襲われにくい木陰にいるかどうかを地

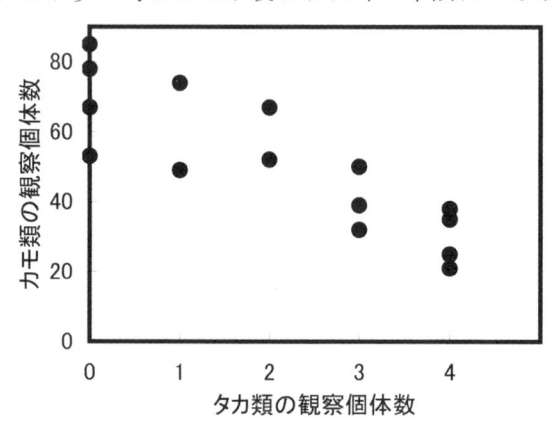

カモ類とタカ類の個体数の関係を知るために試作した図の例．

図上の位置の記録から調べてみようなどということになるでしょう。こうして図を作り、考えていくことで、以下のことを中心にすえて論文を書こうと考えがまとまってきます。

> **例2　作った図から考えた結果**
> ・観察したタカ類とカモ類の種、個体数を報じる。－（図1）
> ・タカ類が多いとカモ類は少ないという相関がある。－（図2）
> ・タカ類が多いとカモ類は木陰にいることが多い。－（図3）

　データを図にまとめながら、主要な結果（図2）とともに付随的な結果（図1）や、一緒に報告しておくべき結果（図3）が明らかになってきました。これが論文の土台となります。このように、**論文の構成を考えるスタートとして、図をいくつも描いて机の上に並べ**[*1]、**じっくり考えてみる**ことは重要です。

　調査を終えてデータを手にしたが、自分のデータから何がオリジナリティになるかわからないということもあります。友人に話したくなるようなおもしろいことが思い浮かばないという場合もあるでしょう。このような時も、図を描いてみることをお勧めします。データをまとめていろいろな図を描いてみると、意外なおもしろい結果が見つかることがあります。

　つけ加えておきますと、この段階の図は自分の考えをまとめるためのものですから、細かい体裁を整えることは後回しにして、自由にいろいろと作ってみてください。投稿論文に載せるためにきちんと整えた図の作り方は、8章で説明します。

　また、図よりも表で示した方がわかりやすい、あるいは考えやすいという場合は、あえて図にする必要はありません。データから図あるいは表を作ることによって、結果をまとめればよいのです。結果をま

＊1：紙に描かれた（プリントアウトした）図を見て考える他に、Microsoft PowerPoint のようなプレゼンテーションソフトを使う方法もあります。1枚1枚のスライドに図を1つずつ貼りつけていき、複数のスライド全体を1つのファイルにまとめます。これを眺めて論文の構成を考えます。

とめながら、何を中心にして論文を書こうか、論文のオリジナリティはどこにおこうかと考えていけばけっこうです。

3-3 論文の構成をメモに書いてみる

論文の土台となる図を作ったら、論文の構成を考え、メモを作っていきます。論文のどの部分でどのようなことを書くのかを決めていく作業です。論文の構成は、腕を組んで考えていてもなかなかイメージできるものではありません。紙に書いて、あるいはパソコンでメモのファイルを作って、構成をはっきりしたものにしていきます。

記録・報告の論文の場合は、観察事実を必要な情報とともに記述していけばよいので、構成をイメージしやすいものです。記録・報告の書き方（5-3, p. 81）で詳しく述べる4つのポイント、「誰が」「いつ・どこで」「何を見たのか」「その位置づけ」について、どのような情報を載せればよいかを順にメモしていきましょう。

原著論文の場合は、イントロ・方法・結果・考察の部分それぞれで何を書くのかを決めていくことになります。先に、図を作りながら考えたことは、結果の部分にどのようなことを載せるのかということにあたります。この結果の部分を核にして、他の部分で書くべきことを考え、メモを作っていきます。結果以外の部分のうち方法については、容易にメモを作ることができると思います。結果にまとめたデータがどのような場所で、どのようにして得られたのかを説明する部分が方法です（7-4-2, p.122）から、書くべきことは自然と明らかになるでしょう。

では、イントロと考察の部分で書くべきことは、どのように決めていけばよいでしょうか。これらの部分は、研究の目的やその科学的意義を述べなくてはならない部分です（詳しくは 7-3-1, p. 112、7-6-2, p. 136）。実際に、**目的や科学的意義を考えていくポイントは、作った図をおもしろいと思う理由**にあります。図にした結果は、なぜおもしろいと言えるのかを考えます。何となくおもしろいと考えてしま

うこともあるので、きちんと言葉にして書いてみます。前節の2つの例であれば、以下のようになるでしょう。

> **例1　結果とそれがおもしろい理由**
> ・ツグミの渡来時期は年によって異なる。−（図1）
> ・他の冬鳥では、年による差はあまり大きくない。−（図2）
> ・ツグミの渡来時期は、調査地周辺の山に降雪があった時期とほぼ一致する。−（図3）
> **おもしろい理由**
> 冬鳥は秋に繁殖地から渡来し、冬の間ずっと越冬地で過ごすと思われているが、冬季に国内を移動している。そしてそれは、降雪にともなう餌不足によるらしい。

> **例2　結果とそれがおもしろい理由**
> ・観察したタカ類とカモ類の種、個体数。−（図1）
> ・タカ類が多いとカモ類は少ないという相関がある。−（図2）
> ・タカ類が多いとカモ類は木陰にいることが多い。−（図3）
> **おもしろい理由**
> カモ類は捕食者のタカ類を避けて、休息・採食する場所を変えている。

　このように、結果のおもしろさを言葉にしてみます。これが、あなたの得た知見の科学的意義です。そして、論文のオリジナリティとなっていくものです。ここまでくれば、研究の目的もその意義も言葉になってきます。それも箇条書きにして書いてみます。これがイントロの部分の骨子になります。考察の部分は、結果からわかることをイントロに対応させて書けばよいのですから、考察の骨子も書くことができるでしょう。こうして、論文の構成を示すメモができあがります。ツグミの渡来時期の例について、メモを示します。

> **例　論文の構成のメモ**
> **仮タイトル**　ツグミの渡来時期の変動と降雪の関係
> **イントロ**
> ・一般に、冬鳥は渡来した後、越冬地に定着すると考えられている。
> ・しかし、餌条件の悪化などによって冬の間も移動することがある

はずだ。
・冬鳥の生息場所を考える際、冬季の移動を明らかにすることは重要だ。
・そこで、ツグミが低地の調査地に現れる時期を調査した。
・また、その時期が周辺の山の降雪時期と一致するかどうかを調べた。

方法
・調査地（場所、植生）
・調査方法（時期、調査頻度、データのとり方・まとめ方）

結果
・ツグミの渡来時期は年によって異なる。－（図1）
・他の冬鳥では、年による差はあまり大きくない。－（図2）
・ツグミの渡来時期は、調査地周辺の山に降雪があった時期とほぼ一致する。－（図3）

考察
・調査地にツグミが現れる時期の変動は、国内での移動によるのだろう。
・この移動は、降雪による餌不足によるらしい。
・冬鳥は秋の渡りで越冬地に定着するとは限らず、冬季に生息場所を変えることがある。

　このようなメモができあがると、論文全体の骨組みが見えてきます。同時に、箇条書きにしたそれぞれのことを説明するには、どのような根拠をあげなくてはならないか、参考情報を付加した方がよいのではないかなどと、次に考えるべきことが明らかになってきます。例えば、「一般に、冬鳥は渡来した後、越冬地に定着すると考えられている」と述べるために、根拠として引用すべき文献を探さなくてはならないことがわかってきます。「餌条件の悪化などによって冬の間も移動することがあるはずだ」と述べるために、そのことを示唆する観察事例を調べて、書き加えてみようということになります。また、この論文構成を示すメモができあがれば、どのような例をあげて説明するかということや、細かい説明の順序などにも考えが及んできます。
　このようにして、骨組みに肉づけをしていけば、論文の本文を書い

ていくことも難しくはないはずです。それどころか、構成が見えてくると、どんどん作業を進めたくなることと思います。論文の中の各部分で書くべきことや注意点は、後で詳しく述べます（記録・報告は5章、原著論文は7章）。ここでは、執筆作業を進めていく要領を理解しておいてください。

3-4 英文要旨が必要な場合の対処の仕方

「がんばって学術雑誌に投稿しようと思うのだが、英語の要旨がネックになって……」という声を聞くことがあります。雑誌によっては、和文論文にも英文の要旨やタイトルをつけています。これは、日本語が読めない人にも論文の要点だけは知ってもらうことができるようにという発行者側の考えからではありますが、投稿者には敷居が高くなってしまうことがあるようです。そこで、英語が不得手な方のために英文要旨の作り方を説明します。タイトルや図・表の説明文に英文が求められた場合も、ここで述べた方法で対処することができます。

まず、自分が興味のある論文の英文要旨をいくつか読んでみます。投稿予定の雑誌を見れば、そういう論文があると思います。興味のある論文ですし、日本語の要旨や本文からも内容がわかるので、何とか読むことができるはずです。英和辞典を引きながらでも読んでいきます。いくつかの要旨を読んでいくと、ほとんどそのまま使える言い回しがあることに気づくと思います。「『調査は〇年△月に××で行った』は、こういう英文を使えばよいのか」などとわかってきます。また、論文でよく使う語や表現に気づいてくると思います。「考察するはconsiderではなくdiscussを使うのか」「結果が……を『示唆する』という時はsuggestを使うのか」というぐあいです。

ここまできたら意を決して、英作文を始めます。日本語では作文をせず、いきなり英語で書こうという方もいるかもしれませんが、ここでは和文要旨を英訳するつもりで説明します。**読んできた英文要旨の**

表現をまねながら、和文要旨を英訳していきます。ここで注意するのは、和英辞典を使って力ずくで英作文するのは極力控えることです。力ずく英作文をやると、他の人には意味のわからない英文になったり、日本人には言いたいことが何とかわかるが「こんな表現はない」というまったくおかしな英文となったりしがちです。英作文では手を抜いて、和英翻訳ソフトを使うという手も考えられます[*2]。しかし、翻訳ソフトが作った英文には、誰が読んでも明らかにおかしな表現も混じっています。専門用語やその分野だけでよく使われる表現が含まれている和文には、悲惨な英文を平然と返してきます。翻訳ソフトを使うのでしたら、どうしても英文にできない時だけにして、ソフトが出力した英文は参考程度に、自分で作り直すつもりでいてください。

　自分としてはこれ以上直せないという英文要旨が完成したら、他人に見てもらいます。この場合、英語を母語とする外国人であっても、科学論文を書いたり読んだりしたことがない人に頼むのは避けた方がよいでしょう。日本人であっても、あなたと同じ分類群や研究分野の研究者の方が適しています。もちろん、分類群・分野が一致する、英語を母語とする外国人の研究者に見てもらうことができれば、それがベストです。

　知り合いに頼める人はいないが、お金は出してもよいという場合は、英文校閲業者に英語を直してもらうという手があります。英文校閲業者に出すのは、英語を母語としない日本人の場合、誰にとっても必要なことだという意見もありそうですが、ここではあまり厳しいことは言わないことにします。もし、英文校閲業者ではなく翻訳業者に出せば、日本語を書くだけで済むので、何の苦労もいらないということもできます。もちろんそれでもけっこうです。ただし、英文校閲業者にせよ翻訳業者にせよ、生物学・生態学・分類学など論文の内容と専門

[*2] : インターネット上には無料で使える翻訳サイトもあります。例えば、以下。
　　　http://honyaku.yahoo.co.jp/transtext

がある程度合致したスタッフがいるところにすることが肝心です。科学論文を専門にしていない業者の場合、翻訳ソフトのようなおかしい英語が返ってくる可能性もあります。業者はインターネット上で「論文」「英文校閲」「料金」などをキーワードにして検索してください。

3-5 他人に見てもらう

　論文を書き慣れないうちは、自分の原稿が上出来なのか、あるいはひどいものなのか、なかなかわからないものです。投稿したら編集者や（査読つき雑誌の場合）査読者からどのようなコメントがくるのか、こわいような気持ちになるかもしれません。この心配を軽減するには、投稿する前に他人に原稿を見てもらうのがよい方法です。

　初めて書いた原稿は問題があることが多いものです。投稿前に、他人に読んで問題を指摘してもらうことは、不安の解消だけではなく、原稿の改善につながります。投稿レベルに達しているかどうかの意見をもらうこともできます。編集者に送る前に、他の人に原稿を見てもらうことを強くお勧めします。

3-5-1 岡目八目

　原稿を見てもらうと、きっとたくさんの問題点が指摘されます。ほとんど直すところがないとか、素晴らしい原稿だというコメントが返ってくるのは、（あなたが稀有なる論文書きの名人であるか）頼まれた人が本気で見ていない時だけです。おそらく原稿にはたくさんの疑問・コメント・修正案が書き込まれていることでしょう。しかし、くじけることはありません。それは、**論文の問題点というものは、書いた本人にはわかりにくい**ものだからです。

　一般に、当事者はものごとを客観的に見ることができず、判断を誤ることがあるのはよく知られたことです。岡目八目とも言います。囲碁で八目置くほど手合いの違いがあったら勝負になりません（八目は8級差、将棋ならば飛車・角に香車2枚、桂馬1枚を落とすほどの実

岡目八目。冷静になって見直してみると……

力差です）。この言葉は，当事者（対局者）の立場を離れてものごと（盤面）を客観的に見るだけで，同じ人でも判断が素晴らしく改善されることを指摘しています。

　論文についても，当事者である著者は多くの誤りを犯します。著者は，自分の発見や調査の成果を実際よりも価値があるものだと考えがちです。また，著者には，観察結果が多くのことを語るように思えるものです。著者自身が繰り返し考えたことは，説明の際，論理が多少飛んでいても気づかないものです。論文は客観的な目で見て評価されるべきものですが，著者にはどうしてもそれができないのです。したがって，ひとりで推敲を繰り返しても，問題は残ってしまうことになります。ですから，他人に見てもらうと問題点がたくさん見つかるのは半ば当然のことです。

　そうすると，どんなベテランであっても，原稿を他人に見てもらう必要があるではないかと思う方もいるかもしれません。そのとおりです。論文を書き慣れた人でも，他人に原稿を見てもらうことはよくあります。一方，ベテランは論文を書く度に自分の原稿を客観視するトレーニングを積んでいくわけですから，自分の原稿であっても論理展

開の問題点や表現のわかりにくい部分に気づく場合が多くなっているということはできます。

3-5-2 どのように書き直すか

　たくさんのコメントとともに原稿が返ってきたら、書き直し作業にとりかかります。コメントは、字句の修正だけで済むような簡単なものばかりではありません。関連文献が不足しているというコメントもあるかもしれません。考察で論理の飛躍があったり、根拠が不足していたりするという問題が指摘されているかもしれません。イントロの構成に問題があるが、こういう修正案はどうだろうかなどと書かれていることもあるでしょう。改めて文献を探し、論理展開や段落の構成を考え、表現を工夫することになります。赤字を入れられたところを言われたとおりに、ちょいちょいと直せば完成すると考えない方がよいでしょう。

　先に述べたように、岡目八目です。読んでくれた人は客観的な視点から、問題点を指摘しているはずです。問題点を放置しても、編集者や査読者に再び指摘されるだけです。コメントはよく読み、趣旨を理解して書き直しに生かします。1か所で指摘されたことは、他の部分でも同様です。同じ問題があちこちにあるのに、指摘した部分でしか修正されていないと、コメントした側はがっくりきます。単純な表現の問題に限らず、論理展開や文章術に関する問題でも、指摘された理由を理解して、原稿全体の改善に生かすようにします。

　とは言っても、どうしても納得できないコメントもあるかもしれません。納得できないコメントには、原稿を読んでくれた人の誤解によるものもあります。単なる見解の相違でどちらでもよいというようなことも、まれにはあります。そのような場合はもちろんコメントされたように書き直す必要はありません。論文の内容に関する責任は著者が負います。原稿を読んだ編集者から、あるいは論文が掲載された後で読者から、「ここはおかしい」と言われた時に、「コメントどおりに

直しただけ」などと答えるわけにはいきません。納得せずにコメントを入れた形に整えることは避けなくてはなりません。

つまり、コメントにはおざなりな対応をしないことが大切です。**コメントは十分に理解して書き直す**、しかしどう考えても論文改善につながると思えない場合は従わない、いずれにしても熟慮の結果判断するということです。読んでくれた人に感謝の気持ちをもち、誠意をもって対応するが、**原稿の責任はすべて自分がもつ**という態度が求められます。

3-5-3 自分としてのベストのものをぶつける

見てもらう原稿は、全力で書きあげたものにします。問題を残す原稿であっても、その時点における自分のベストのものをぶつけてコメントをもらわなくてはなりません。「さしあたって、ざっと書いてみたので見てください」という態度ではいけません。

その理由の1つは、当然のことながら、相手に失礼だからです。原稿を見てもらう時は、ざっと読んでおざなりな感想を聞ければけっこうです、と頼むのではないはずです。本気で読んで、投稿レベルに達していない原稿の問題点を指摘してもらうために見てもらうはずです。また、よりよい原稿に改善するのに役立つコメントをもらうために頼んでいるはずです。本気で原稿を読み、コメントすることは、時間も集中力も要する作業です。本気で見てほしいのに、本気でしあげた原稿を差し出さないというのは失礼の極みです。

2つ目の理由は、中途半端な原稿ではしっかりとしたコメント、改訂の役に立つコメントが得られないからです。方法がきちんと書かれていなければ、結果がどの程度信頼できるのか判断できません。イントロで研究の科学的意義が書かれていなければ、どのような結果をあげるべきか、考察で何を書くべきなのかを判断できません。自分なりにできる限り、研究の科学的意義や方法を書いておけば、「○○の結果も加えてはどうか」「このデータからそこまでの主張はできない」

などという具体的で役立つコメントをもらうことができます。

　自分のベストの原稿を見てもらうもう1つの、そして最大の理由は、そうしないと論文を書く力がつかないからです。全力でしあげたのではない原稿を見てもらったとします。仮に懇切な指導・助言を得て書き直し、その時は投稿可能な原稿を作ることができたとしても、それは自分の力ではありません。次に別の論文原稿を書いたら、再び問題の多い原稿となってしまいます。残念ながら、こういう例はしばしば実際にあるのです。論文を書いている時は、当面、今書いている論文原稿のことしか頭にないかもしれません。しかし、将来おもしろい調査結果を手にしたり珍しい観察をしたりして、論文を書く機会がきっと訪れます。論文を書く力を高めるために大切なのは、脳髄を絞って考え、手間を惜しまず調べて書いた渾身の原稿をぶつけることです。**自分のベストのものに対して批判を受けた時、何が問題なのかがわかります**。そして、論文の書き方が自分のものとなっていくのです。

3-5-4 誰に頼むか

　原稿を見てもらう時、どのような人に頼んだらよいでしょうか。また、どのようにして頼めばよいでしょうか。まず、頼むのは、複数の論文を書いた経験のある人がよいでしょう。もちろん鳥・虫・植物など専門の分類群があなたと一致していて、予定している投稿先の雑誌についてもどのような論文が載っているか知っている人です。自分の研究テーマの第一人者に頼まなくてはならないということはありません。また、自分が観察した種について多くの情報をもっている人である必要はありません。情報通の人には知らないことを教えてもらうなど、論文作成に際してお世話になることはあるでしょう。しかし、論文の原稿として問題がないかを見てもらうには、論文の書き方を身につけている人である必要があります。もちろん、いくつも論文を発表していて、しかも研究テーマが一致したり、その種について通じたりしている人ならば言うことはありません。

実際には、どうやって頼めばよいでしょうか。研究会や同好会などの場で会ったことがある研究者の中に適当な人がいる場合は、比較的容易に頼めるでしょう。観察会や講座などに参加した時の講師の先生に頼むのも、そう難しくはないでしょう。どうしても面識のある人がいない場合でも、見てもらいたい研究者に電子メールで頼んでみるという手があります。その人の書いた論文などから電子メールアドレスを知ることができます。

　日本鳥学会誌では、投稿前の指導システムとして論文作成相談室を設けています。日本鳥学会誌に投稿予定であることを条件に、指導者が得られず投稿論文作成に困難をきたしている人の原稿にコメントしています[3]。日本鳥学会誌以外でも、どうしても指導者が得られず、初めての投稿で不安がある場合は、投稿予定先の編集者に相談してみるのもひとつの方法です。

　誰に見てもらうにせよ、頼む時はいきなり原稿を送りつけるのではなく、まず見てもらえるかどうかを尋ねます。相手の人には、論文原稿を見ることは義務ではありません。まったくの好意で見てくれるわけです。また、見てあげたいと思っても、職務やフィールド調査で時間がとれないこともあるでしょう。もし断られても、返事がもらえたらよいというくらいの気持ちで頼みます。見てもらえるかどうかを尋ねる時は、率直に事情を説明します。論文を書くのが初めてであること、どういう点を心配して見てもらいたいと思っているかなどです。投稿先はどこを予定しているかも書きます。査読つきの学術雑誌かどうかなど、投稿先によってコメントの仕方が異なってくる場合もあるからです。論文を見てもらえることになったら、投稿原稿のつもりで投稿予定誌の指示に従った体裁に整えた原稿（詳細は10章参照）を送ります。原稿では、見てくれる人の名前を謝辞にあげておくことをお忘れなく[4]。

---

[3]：http://wwwsoc.nii.ac.jp/osj/japanese/iinkai/wabun/JJO_tebiki.html#fuki

3-6 評価をおそれない

　ここまで、くじけずに論文を執筆していくための具体的な作業の方法やノウハウを紹介してきました。ここからは、とどこおってしまいがちな論文執筆をできるだけスムーズに進めていくための心がまえや心がけを述べてみたいと思います。気が重くなることもある論文作成ですが、自分を励ましながら、元気に書き進めていきましょう。

　最初にここでは、「他人の評価をおそれずに論文を書こう」と申し上げたいと思います。論文を書き慣れないうちは、他人の評価が気になるものです。書き慣れても、査読つきの雑誌に投稿する時は、論文の運命を左右する査読者の評価は気になります。しかし、何ごとにつけ、他人の評価を気にしすぎると、本来もっているよいものが現れないのはご存知のとおりです。

　論文を読む人は批判すべき点がないかと探したり、揚げ足をとろうとしたりして読んでいるわけではありません。学問的におもしろいことや新しいことを知りたくて読んでいるのです（保全策を考える仕事のために必要で読まなくてはならないという場合もあるでしょうが）。**落ち度がない論文を目指すよりも、おもしろい論文を書こう**と考えましょう。おもしろいというのは、研究に対する最高のほめ言葉です。おもしろいことがわかりやすく書いてあれば、文句は出ないのです。

3-6-1 努力が足りないと心配しない

　努力が足りないとかデータ量が少ないという評価を気にして、論文化に二の足を踏んでしまう人がいます（データ量の問題は 6-6, p. 101 参照）。また逆に、自分の調査努力を誇って書いてある原稿を見ることもあります。論文に「私はあれもやった。これもやった。こう

＊4：謝辞に書くという意志を示すために、見てもらう原稿に「原稿にコメントしてくださった○○氏に感謝します」などと書いておきます。見てもらった後で、ありがたいと思ったことを具体的に書き加えてもかまいません。

いうこともわかった。ああいうことも言えるかもしれない」ということを全部書くのはいけません。学生が指導教員に提出する卒業論文では、努力量が評価されることがあるかもしれません。しかし、一般の論文では得られた知見を伝えるために必要なことだけを書けばよいのです。やったことを全部書くのではなく、はっきりわかったと言えることだけを書くようにします。結果の部分であげる図表は多いほどよいわけではありません。考察の部分でとりあげないことは、結果にあげる必要はありません。必要なことは書いてある、必要なことしか書いていないというのがよい論文です。

そもそも努力量は研究のよしあしと直接関係するわけではありません。わずか3日間の野外調査で行われたおもしろい研究を紹介しましょう。藤岡（2004. 日本鳥学会2004年度大会講演要旨集：48）は「銃で撃つべきか、ワナで捕るべきか－岩手県のカラス－」という研

銃器とトラップでカラスを捕獲する

究を行いました。この研究では、カラスの駆除のために銃器を使っている地域とトラップ（わな）を使っている地域で、カラスの人への反応を調べました。そして、トラップを使っている地域の方が、人がカラスに接近できる距離が短いこと（近づくまで逃げないこと）を明らかにしました。銃による捕獲に比べて、トラップによる捕獲では、捕獲されなかった個体への威嚇効果が小さいことがわかったのです。おもしろい視点からの興味深い研究ですが、調査努力量は非常に少ないものです。長期間にわたる調査データが重要性をもつこともありますが、必ずしも調査努力が研究のよしあしにつながるわけではないことがわかります。

3-6-2 専門家を意識せずにわかりやすく書く

　他人の評価を気にしすぎると、非常に狭い専門分野の人にしか理解できない論文になってしまうという問題もあります。控えめな初学者の方は、自分の論文を読む人たちは自分が知っていることは当然知っていると想像するようです。そして、論文とはそういう人を対象として書かなくてはならないと思ってしまうようです。現実には、そのようなことはありません。

　例えば、日本鳥学会誌の論文で、音声分析の方法を説明する際に「それぞれのノートの最大音圧周波数は、パワースペクトルから読みとった」と書いたら、読者（日本鳥学会員）は理解できるでしょうか。日本鳥学会のような分類群ごとの学会には、鳥に関することがらであれば、分類学・生理学・生態学など、いろいろな分野に興味をもつ人が会員となっています。音声分析の専門家にしか通じない記述は、そういう会員が読む学会誌に適したものではありません。自分の仲間や所属する研究室では普通に使われる言葉であっても、あるいは専門書の中にはしばしば現れる言葉であっても、論文の想定される読者にとって理解が難しいと思われる場合には、説明を加える必要があります。簡単に言うと、たとえあなたが初学者であっても、**読者はあなたと同**

等かそれ以下の知識しかもっていないと考えた方がわかりやすい論文が書けるでしょう。「そんなことは当然わかっておるわい」と言う大先生を想定して、難しく書く必要はありません。

3-7 書けない時は読んでみる

　論文を書き始めても、日によっては、どうにも気が乗らず論文執筆にとりかかれないということがあるものです。また、仕事が忙しくてしばらく論文を離れてしまった時などは、頭も気持ちも論文に戻ってくるのがたいへんです。

　どうも書くことができないという時は、以前書いた部分を読んでみることをお勧めします。「書かなくてはならない」という考えを捨て、「まあ、読んでみるか」「ながめてみよう」という気持ちで、ノートやパソコンに向かうのです。まだ本文を書き始める前の時点であれば、前に作った構成のメモを読んでみます。まだ、そのメモをも作る前ならば、結果をまとめた図をながめるのでもけっこうです。とにかく、前にやって中断していたことに目を向けるようにします。書くということは新しいものを作り出す作業なのでたいへんですが、読むことは受け身でもできるので気楽です。簡単にとりかかることができるでしょう。

　読んでいると、直した方がよい部分に気づくことがあります。読むだけのつもりが、書き直しの作業に入っていっているわけです。また、読んでいるうちに、「次にはこういうことを説明しなくては」などと執筆の構想がわいてくることもあります。ひとりでに頭の中が次の執筆作業のことを考えているわけです。こうして、自然に書くことができる状態に入っていくことができます。

　私は、前に書いた原稿を読んでいると、「なかなかよく書けているなあ。この調子で続きも書いてみよう」という気持ちになることがよくあります。「そのようにすぐ自画自賛できる幸せな性分ではない」という方もいるでしょうが、**読んでいるうちに頭が論文に戻ってくる、**

そして**自然に執筆作業に入っていくことができる**というのは、多くの方にあてはまることと思います。気乗りがしない時は、以前書いた部分を読んでみることを試してみてください。

3-8 調査を終えたらできるだけ早く書き始める

　くじけず論文を書くために、もうひとつ大切な心がけを書いておきます。それは、調査を終えたら、あるいは珍しい観察をしたら、できるだけ早く論文を書くということです。調査を終え、おもしろい結果を手にした時は、興味がその研究に向いています。珍しい種を観察した後は、完全ではなくても他所での記録も調べるなどして、いろいろな情報が頭に入っています。そういう時が、論文にとりかかるチャンスです。

　もっとデータをとってから書くことにしようとか、今は忙しいからまとまった時間がある時に書くことにしようという考えが頭をよぎるかもしれません。しかし、**理由をつけて後回しにするのは極力避けなくてはなりません**。このような悪魔のささやきを聞いて、論文を書かずに終わったという話は佃煮にしたいほどたくさんあるのです。いつまで経っても十分な量のデータはなかなか集まらず、まとまった時間はとれないものです。それに、もしも後から論文を書くことができたとしても、興味のピークを過ぎています。頭の中にあった細かい記憶は消えています。義務感に追われながら、野帳を見直して思い出し思い出し論文を書かなくてはなりません。苦痛であり、よい原稿が書けそうもないことはご想像いただけると思います。おもしろいと思うことに頭がいっているうちに論文を書く。このことは、くじけず論文を書きあげるために、とても実効性があります。

　くじけず論文作成を進めるということから少し離れますが、「調査を終えたら」ではなく「調査中から」論文を書き始めるというやり方もあります。まず、ある程度データが集まったら、調査が終わっていなくても図にまとめてみます。例えば、毎月調査を終えたら、グラフ

を描き加えていきます。すると、「だんだん個体数が増えているようだ」などとおもしろい事実に気づくことがあります。このようなおもしろい事実は、論文で扱うテーマに育っていく可能性があります（3-1, p. 39）。調査中から論文で扱う主題や自分の研究の科学的意義をできるだけ考え、メモしておきましょう。これはイントロの構成につながっていくものです（3-3, p. 44）。また、「だんだん個体数が増えているのかな」などとあることがらに注目して調査をすれば、意欲も高まって楽しいですし、調査方法を改善することもできます。「このためには、もっと頻繁に調査をしなくてはいけないな」「○○についても記録してみよう」などと、有効なデータをとれるようになります。

　このように研究中から結果をまとめて図にしたり、イントロのメモを作ったりすることは、調査方法を改善するためにも役立ちますし、調査後スムーズに論文執筆を開始することにつながります。ただ、調査中から論文を意識して作業をするのは、論文を書き慣れた人に向いたやり方で、論文を書いたことがない方には重荷になってしまうかもしれません。こういうやり方もあるということを紹介するにとどめたいと思います。役に立ちそうだという場合には、やってみてください。

4 論文とはどういう文章か

　ここまで、論文全般に共通する文章の書き方と執筆作業の進め方について説明してきました。ここからは、論文を種類に分けて、実際に何を書くべきかを具体的に詳しく説明していきます。

　この章では、まずその入り口として、論文とは何なのかを整理しておきたいと思います。最初に論文の種類について、続けて論文を掲載する刊行物について説明します。最後に、投稿論文を審査する査読制度について説明します。

4-1 論文のいろいろ

　長年の調査結果をまとめて考察を加えた論文と、一度の観察事例を報告した論文は、雑誌の中でも別の種類のものとして掲載されます。もちろん、書く際の注意点も違ってきます。

　ここで述べる論文の種類は、刊行物の種類とは関係ありません。学術雑誌でも研究会の論文誌でも、また大学の紀要でも同じように使われます。一部の刊行物では、掲載した個々の論文の種類を明示していないものもありますが、単に呼び名を使っていないだけです。

　以下、総説、原著論文、短報、そして記録・報告の4つに分けて、順に説明していきます。

4-1-1 総説

　総説とは、あるテーマについて既存の研究を整理し、新しい視点や未解明の問題の解決方法を提案する論文です。例えば、以下のようなタイトルの総説があります。

> **総説の例**
> 　鳥類における協同繁殖様式の多様性（江口，2005．日本鳥学会誌 54:

> 1-22)
> 行動生態学からみたガン類の保全と農業被害問題（牛山ら，2003．日本鳥学会誌 52: 88-96）
> 拡張された精子競争－鳥の社会行動の進化と同性内淘汰－（上田，1994．山階鳥類研究所研究報告 26: 1-46）

　いずれの論文も大きなテーマを扱っており、ある場所での調査結果をまとめて何々がわかったという論文ではないことがわかります。総説を書くためには、そのテーマに関する世界中の研究を調べ、自分なりに整理し、さらにユニークな主張を含めなくてはなりません。引用文献の数が 100、200 となることもよくあります。総説の執筆は、労力と見識が必要な大仕事です。あるテーマについて何年も研究を続けている人、論文を書いた経験をある程度もっている人でないと難しいと言えるでしょう。この本では、野外での観察事例や調査結果を論文にすることを念頭においていますので、総説の書き方については触れないことにします。

4-1-2 原著論文

　原著論文とは、観察や実験の結果を報告し、その結果からわかったことをまとめたものです。「はじめに」「方法」「結果」「考察」などと見出しをつけて書かれたもので、普通に論文と言った時に、多くの人がイメージするものだと思います。例えば、以下のような原著論文があります。

> **原著論文の例**
> ハシボソガラス Corvus corone のなわばり非所有個体の採食地と塒の利用（吉田，2003．山階鳥類研究所研究報告 34: 257-269）
> オオトラツグミ Zoothera (dauma) major のさえずり個体数の変動（1999～2007）（NPO 奄美野鳥の会，2008．Strix 26: 97-104）

　1 つ目の論文は、ハシボソガラスに標識をつけて 1 羽 1 羽を見分けられるようにし、追跡観察をしたものです。その結果、年間を通じてなわばりをもち、繁殖する個体がいる一方、なわばりをもたず繁殖をしない個体がいることを明らかになりました。さらに、なわばりをもたない個体が時間とともに採食場所やねぐらを変えていく様子を解明しました。そして、それらの結果から、なわばりをもたない個体は繁殖に適した場所を得ようと

しているのであろうと考察しています。100羽を超える個体を2年近くにわたって観察し、非繁殖個体の生態を明らかにしたもので、調査結果と考察をまとめた原著論文です。ちなみに、著者の吉田さんは小学校の先生で、長年カラスの調査を行っておられます。吉田さんのように、立派な研究成果をあげ、原著論文を書いているアマチュアの研究者はたくさんおられます。

2つ目の論文は、奄美地方で精力的に調査・保全活動を行っているNPO法人奄美野鳥の会がまとめた論文です（論文の著者が個人名ではなく団体名になっていますが、このことについては7-2-2（p. 110）で触れます）。この論文では、絶滅が危惧されるオオトラツグミについて奄美大島全域で9年間続けた調査から、個体数が増加し生息地域が広まっていることを明らかにしました。そして、それは、調査期間中に森林が回復してきたことや、捕食者であるマングースの防除が行われたことによるものであろうと考察しています。大勢の調査で得られた定量的なデータから興味深い結果をまとめ、保全に役立つ考察をまとめた立派な原著論文と言えるでしょう。

前に1-3-1（p. 15）で紹介したコサギの採食なわばりの論文（山田, 1994. 日本鳥学会誌 42: 61-75）も原著論文です。コサギの採食行動・争い行動の調査から、この種がなわばりをもったりもたなかったりしていることを示し、その理由にも考察を加えたものだからです。

これらのように、**原著論文はある程度以上の量のデータから未知のことがらを明らかにし、それに考察を加えたもの**です。単に1、2例の観察では原著論文は書けません。結果の価値が低く、またそこから考察できることが少ない（一般的な考察は導くことができない）からです。考察とは何なのかがはっきりしないとわかりにくいかもしれませんが、そのことについては、考察の書き方（7-6, p. 133）で詳しく説明します。

4-1-3 短報

短報とは、簡単に言うと、原著論文に一歩及ばない内容の論文です。原著論文と同じような調査を行っているが、調査期間が短い、調査地点が少ないなどの理由から、はっきりした傾向の結果が得られていないものです。

結果がはっきりしたものではないので、考察でもあまり強い主張はできません。しかし、短報は原著論文を目指した研究が失敗したものというわけではありません。調査をしていたらメインのテーマとは別に発見があったとか、十分な時間をとれないが、小さな調査をしてそれなりに重要なことがわかったという場合も短報にまとめることがあります。例えば、以下のようなものが典型的な短報と言えるでしょう。

> **短報の例**
> 都市緑地におけるコゲラの生息に関わる要因（濱尾ら，2006．日本鳥学会誌 55: 96-101）
> 糞分析法による越冬期のマガンの食性（嶋田ら，2002．Strix 20: 137-141）

　1つ目の論文は、近年都市緑地で見られるようになったコゲラの生息にはどのような環境が必要なのかについて、まず手はじめに行った調査の結果です。21か所の都市緑地についてコゲラの生息（いるかいないか）と種々の環境要因を調べたものです。解析の結果、面積が広い緑地にコゲラが生息しているという傾向のあることが明らかになりました。しかし、他の環境要因の影響は見出されず、それ以上のことはわかりませんでした。これだけでは、原著論文としては成立しません。コゲラの生息の有無ではなく、生息個体数を調べて、解析し直す必要があります。また、コゲラがどのような場所で採食や営巣を行うのかを観察したうえで、生息に関わる要因を絞り込んで調査をした方がよいでしょう。

　2つ目の論文は、マガンの糞を分析して何を食べているかを明らかにしたものです。冬季の5か月間、各1回の調査から、落ちモミ（落ち籾）が最も重要な食物であること、また草本類もよく食べられていることがわかりました。農地を採食場所とするマガンについて、食物をきちんと調べた点で価値がある論文です。しかし、エネルギー価やタンパク質含量から食物選択に及ぶ考察の部分は、考えられる可能性を記したにとどまっています。それらを明らかにするには、さらなる調査が必要でしょう。この点で原著論文にするのにはもう一歩不足なのです。

　短報は原著論文に一歩及ばないものと言っていますが、その一歩とはどの程度なのかと問われそうです。各誌の投稿規定を見ると、短報は刷り上がり4ページ以内などと長さによって基準が示されていることがありま

す。しかし、そのような場合でも、原著論文と短報の区別は長さだけが重要だというわけではありません。内容で基準を作るのは難しいことですし、長さと内容はある程度関連するので、長さで基準や目安が示されているのです。原著論文に一歩及ばない内容であれば、簡潔にまとめられるはずだ（まとめてほしい）という意味もあるのでしょう。

　もし投稿する時に原著論文にするか、短報にするか迷ったら、まず投稿先の過去の論文をよく見てください。それでもわからなければ、経験を積んだ人に尋ねてみてください。最後の手段として、何とか原著論文として掲載したいと思う場合は、原著論文として投稿してみるという手もあります。もしも、短報とすべき内容であれば、編集者から短報として書き直すよう指示があるでしょう。和文の学術雑誌は初学者にもやさしい編集を行っているのが普通です。審査（査読制度）がある場合でも、短報とすれば掲載可能な投稿を原著論文としてだけ扱い、掲載できないと却下の判定をすることはないでしょう。

　この本では、短報の書き方は説明しません。理由はもうおわかりのとおり、原著論文と特に違いはないからです。

4-1-4 記録・報告

　記録や報告とは、今まで知られていなかった分布や生態の事例を記録するために書かれる論文です。例えば、日本で初めて観察された種や東北地方で初めて採集・観察された種の報告です。あるいは、寄生虫の知られていなかった宿主（寄生される側の生物）の報告、珍しい採食行動の報告などです。日本鳥学会誌の場合は「観察記録」と呼ばれており、以下のような論文が掲載されています。

記録・報告の例

　北海道天売島におけるコウテンシ *Melanocorypha mongolica* の日本初記録
　　（平田ら，2006．日本鳥学会誌 55: 102-104）
　コゲラから巣を横取りしたコガラの繁殖例（磯・斉藤，2006．日本鳥学
　　会誌 55: 110-111）
　南大東島における亜種ダイトウメジロの11月の育雛（堀江ら，2005．
　　日本鳥学会誌 54: 58-59）

最初の論文はタイトルのとおり、ある鳥種の日本で初めての観察を報告したものです。後の2つは珍しい行動の記録です。11月の育雛は、春から初夏に繁殖を行う鳥類ではたいへん珍しいことです。

記録や報告では、原著論文や短報とは異なり、観察結果から何がわかるのかを考察として書く必要はありません。もちろん、観察事実の位置づけ、例えば日本初記録であることなどは書かなくてはなりません。しかし、分類学や生態学に関わる考察は書く必要はありません。事例観察にすぎないので、そのような考察をすることは不可能です。**発見したことに記録にとどめる価値があるのであれば、それを単に報告するのが記録・報告の論文**です。したがって、計画を立ててスタートした研究でなくても、日々の観察の中で偶然出会ったことから書くことができます。このように書きやすく、多くの人に書く機会が訪れるのが記録・報告の論文です。

4-1-5 日本鳥学会誌の場合

日本鳥学会誌を例に、実際に雑誌上で論文がどのような種類に分けて掲載されているかを説明しましょう。まず、学会の雑誌なので、論文以外の記事も載ることがあります。学会運営についての会員の意見、書評、会計、各種案内や報告などです。これらを除いた、科学的知見をまとめたものが論文です。

日本鳥学会誌に掲載される論文は、総説、原著論文、短報、技術報告、観察記録の5種類です。総説、原著論文、短報は今まで説明してきたとおりです。技術報告というのは、新たな調査技術を報告するものです。装置や機器の開発について、単に紹介する記事ではなく、実際に調査に使ってみてどのようなデータが得られたかまで示しているものです。

日本鳥学会誌で観察記録と呼んでいるのが、記録・報告の論文です。他の雑誌でも分布記録、一例報告などと呼んで原著論文や短報とは分けているのが一般的です。しかし、事例報告を観察や記録とは呼ばず、短報と呼んでいる雑誌もあります（例えば、『Strix』、『魚類学雑誌』）。

このように、論文の種類の呼び方は雑誌によって多少異なりますが、それぞれの書き方の要点は雑誌が変わっても同じです。日本初記録であれば、この本の記録・報告の書き方（3章）に従えばよいわけです。そして、投

稿する時に、投稿先の雑誌の呼び名（例えば、<u>分布記録</u>）を使えばよいでしょう。

いろいろな分類群の雑誌について、論文の種類をまとめました。論文の種類の分け方・呼び方について、概観していただければと思います。

各種雑誌における論文の種類

* 学会が発行する学術雑誌、及びそれに準ずる論文誌をあげた。投稿先として推奨する雑誌を網羅したものではない。細かい分類群や地方によって、投稿先として適切な雑誌は他にもある（4-2, p. 69 参照）。
* <u>下線</u>で示したのは、調査結果とその考察をまとめた原著論文と、それに一歩及ばない短報に相当する。
* <u><u>二重下線</u></u>で示したのは、観察事例を報告する記録・報告の論文に相当する。
* 各誌の最新情報は、ホームページや最新号紙面にある投稿規定で確認してください。

【鳥類】
日本鳥学会誌　査読あり
　　日本鳥学会発行　第一著者か責任著者が会員であること
　　総説・<u>原著論文</u>・<u>短報</u>・技術報告・<u><u>観察記録</u></u>

山階鳥類学雑誌　査読あり（ただし報告については査読なし）
　　山階鳥類研究所発行　投稿資格不問
　　<u>原著論文</u>・<u>短報</u>・総説・<u><u>報告</u></u>

研究誌 Bird Research　査読あり
　　NPO 法人バードリサーチ発行　著者に会員を含むこと（会費無料の協力会員も可）
　　総説・<u>原著論文</u>・<u>短報</u>・テクニカルレポート

研究誌 Strix　原著論文と短報は査読あり
　　日本野鳥の会発行　著者に会員を含むこと
　　<u>原著論文</u>・<u>短報</u>・報文・自然保護アピール
　　※ 短報は原著論文に準じる論文も含む。

【昆虫】
昆蟲（ニューシリーズ）　査読あり

日本昆虫学会発行　投稿資格不問（ただし、非会員は有料）
　　　総説・<u>原著論文</u>・<u>短報</u>など
　　　（掲載論文に種類が書かれていないが、<u>記録・報告</u>に該当するものもある）

　昆虫では目や科ごとに種々の学会や研究会があります。ここでは、甲虫についてだけ雑誌をあげます。

甲虫ニュース　査読なし（採否を編集委員会が決定）
　　　日本鞘翅学会発行　著者は会員であること
　　　<u>原著論文や報文</u>・解説・地域甲虫相・<u>分布記録（短報）</u>

ねじればね　査読なし（アドバイザーの意見に基づき修正を求めることあり）
　　　日本甲虫学会発行　著者は会員であること
　　　明確な区分はないが、<u>観察・採集</u>の記録が多い

【爬虫類・両棲類】
爬虫両棲類学会報　査読なし（原著論文は査読の有無を投稿者が選択できる）
　　　日本爬虫両棲類学会発行　投稿資格不問
　　　<u>原著</u>・<u>短報</u>・再録論文（他誌の承諾を得て再録）・総説・<u>一例報告</u>など

【魚類】
魚類学雑誌　査読あり
　　　日本魚類学会発行　著者に会員を含む
　　　総説・本論文（<u>原著論文</u>に対応）・短報（多くは新分布の<u>報告</u>）・会員通信（ここにも<u>報告</u>の論文が含まれる）

【貝類】
VENUS　査読あり
　　　日本貝類学会発行　著者に会員を含む
　　　<u>原著</u>・<u>短報</u>・その他

ちりぼたん　査読あり
　　　日本貝類学会発行　著者に会員を含む

種類分けされていないが、事実上短報と記録・報告

【その他（動物全般）】
タクサ　日本動物分類学会誌　査読あり
　　日本動物分類学会発行　著者は会員であること（共著者は不問）
　　原著論文・総説・短報

【植物】
分類　日本植物分類学会誌　査読あり
　　日本植物分類学会発行　著者は会員であること
　　原著論文・総説・報告など

植物研究雑誌　査読あり
　　（株）ツムラ発行　著者はこの雑誌を1年以上購読している者
　　総説・原著論文・短報

4-2 論文を掲載する刊行物の種類

　ここでは、論文を投稿する先としてどのような刊行物があるのかを紹介し、それぞれの特徴を説明します。学術雑誌、それ以外の論文誌、紀要に分けて説明します。

4-2-1 学術雑誌

　学術雑誌とは、学会という組織が定期的に出版する雑誌です。日本の学会でも、日本動物行動学会や日本動物学会のように英文の学術雑誌だけを発行している学会もあります。しかし、アマチュアのフィールド観察者が論文を発表する場としてまず考える分類群ごとの学会は、日本語の論文を掲載する和文学術雑誌を発行しています。日本鳥学会、日本昆虫学会、日本鞘翅学会、日本爬虫両棲類学会、日本植物分類学会、日本貝類学会など多くの学会がそうです。学会というとプロの専門家だけの組織のように思う人もあるかもしれませんが、これら分類群ごとの学会にはアマチュアの会員も多く、論文を発表している人も多くいます。

　学会が発行する雑誌に準じる質・量をもつ論文誌もあります。鳥ではNPO法人バードリサーチが研究誌『Bird Research』を、日本野鳥の会が

『Strix』を出版しています。これらは査読制度（後述）がありますが、アマチュア研究者の投稿を想定した編集方針をもった論文誌です。山階鳥類研究所が出版する『山階鳥類学雑誌』も、長い歴史をもち、所外の人の論文を多く掲載しています。植物では、漢方に関わる株式会社ツムラが『植物研究雑誌』を発行しています。これも査読制度をもち、植物分類学・生薬学に関わる論文を掲載しています。これらの雑誌も学会が発行する学術雑誌と同じように考えてよいでしょう。

4-2-2 研究会・同好会の論文誌

昆虫など分類群によっては、地域ごと、あるいは分類群（例えば目・科）ごとに多くの研究会や同好会があります。これらの中には、論文を集めた論文誌と言える会誌を出版しているところがあります。編集の方針にもより、どの程度論文として整ったものが掲載されているか、どの程度広く読まれているかはまちまちです。

これらの論文誌の中には、その分類群の研究者の間で学会の学術雑誌と同等に評価されているものもあります。そういう雑誌に載った論文であれば、編集者のチェックを受けていて完成度も高く、関係する研究には引用してもらえるでしょう。論文を発表する場として適当なものと考えられます。研究会・同好会は運営方針や論文誌へのとり組みが会によってまちまちなので、投稿を考える際は注意が必要です。

4-2-3 紀要

これらの刊行物以外に論文を載せる刊行物として、研究機関や教育機関の紀要があります。大学や研究所、博物館などが発行する論文誌です。紀要はその機関に属する職員の成果をまとめるのが目的ですが、共著者がその機関にいる場合やその機関の施設を利用して調査をした場合などは、外部からの投稿を受けつけることがあります。

私が勤める国立科学博物館附属自然教育園の紀要『自然教育園報告』にも、職員以外の人が園内で行った調査の結果を掲載しています。三宅島自然ふれあいセンター・アカコッコ館では『Miyakensis』という研究・事業報告を毎年発行していますが、同館を利用して調査をした私も論文を掲載

してもらったことがあります。『Miyakensis』のように、組織や機関の中には、活動や事業の報告を兼ねた年報のような冊子に論文を含めて発行するところもあります。

4-3 査読制度の有無と投稿先の選択

　雑誌には、投稿論文を審査する査読制度があるものとないものがあります。査読制度がある場合、投稿規定などにそのことが書いてあるのが普通です。ここでは、まず査読制度とはどのようなものかを説明します。そして、査読制度のある雑誌に投稿する重要性を強調したいと思います。その理由を含めて理解していただきたいと思います。

4-3-1 査読とは？

　査読制度のもとでは、通常2名の査読者（レフリー、校閲者と呼ばれることもある）が投稿論文の内容を審査し、編集者はその意見を尊重して掲載の可否や修正の必要性を判断します。査読者は論文で扱われている研究テーマや対象種について詳しい人が依頼されます。人間関係に拘束されることがないよう、投稿者に対して査読者の名前は伏せられます。査読者のコメントは、引用文献の不足や表現のわかりにくさなど簡単なことがらにとどまりません。査読者は原稿を精読して科学的な文章として不備がないかを細かくチェックしますから、根拠のない考察の削除や、調べ直して資料を付加することなど大幅な書き直しを求めることもあります。もちろん、投稿原稿のまま受理され、掲載されることもあります。逆に、審査の結果、掲載できないという却下（リジェクト）の判定が下されることもないとは言えません。

　学会が発行する学術雑誌は、投稿論文を審査する査読制度をもつのが一般的です。紀要は、近年は査読制度をもつものも増えてきましたが、原稿をほとんどチェックせずに掲載するものもあります。昆虫に関する研究会や同好会の論文誌は、一般に査読制度はありませんが、論文誌によっては編集者が論文として一定の水準に達するよう書き直しを求めることもあります。学術雑誌以外は、発行者の編集方針によってまちまちだと言えるでしょう。

投稿する立場として考えると、査読制度や編集者によるチェックがない方が気楽だと言えるでしょう。自分が一所懸命書いた論文原稿に対して批判を受けるのは、気分が悪いと思う人もいるかもしれません。しかし、発表できるだけのものをもっているのならば、**査読制度がある学術雑誌を選ぶように**、私はお勧めします。

もちろん、査読制度がある学会誌では受けつけないような狭い地域の初記録の場合、地方の同好会誌に発表しようというのは適切な判断です。また、学術雑誌では掲載されないが、紀要に載せることには意味があるという論文もあります（後述、4-3-4, p. 75）。しかし、書くのが楽だから、原稿を批判されたくないからという理由で、査読つき学術雑誌を避けないでいただきたいのです。十分に珍しい観察事例や重要な調査結果が得られたら、査読制度のある学術雑誌への投稿を考えていただきたいのです。この本全体で説明する論文の書き方は、査読の有無とは関係なくすべての論文にあてはまるものですが、ここでは査読つき雑誌をお勧めする理由にスペースを割いておきたいと思います。

4-3-2 査読がある雑誌のメリット

論文を載せようとする時、査読制度をもつ学術雑誌を選ぶことには、大きなメリットが2つあります。1つは、**自分の論文を多くの人に読んでもらえる**ことです。論文を発表するのは、多くの人に調査の成果や自分の記録を知らせることが第一の目的です。「少しでも多くの人に読んでほしいと、強く願っているわけではない」という人もいるかもしれません。しかし、活字になりさえすればよいというものではないでしょう。あまりマイナーな刊行物に論文を載せると、その発見は無視されてしまうかもしれません。将来、同じテーマで研究したり、その種について調べたりする人が現れた時に、見つけ出してもらえないかもしれません。他人に読んでもらい、将来引用してもらってこそ、論文は価値があります。多くの人に読んでもらえる雑誌を選ぶことは重要だと言えるでしょう。

読んでもらえる機会は、雑誌の発行部数だけで決まるわけではありません。同じ1冊でも、個人の本棚にあるのと違って、大学などの図書館に配架されれば多くの人が読むでしょうし、将来書庫を探す人の目にもと

るでしょう。査読つきの学術雑誌の方が、査読なしの雑誌や紀要よりも図書館におかれるケースが多いのは明らかです。

　また、現代はインターネットの時代です。論文もネット上の検索で見つけられ、ファイルをダウンロードして読まれる場合が多くなっています（論文の探し方は 9-6, p. 177 で述べます）。インターネット上で論文の存在を知ってもらうためには、発行者側が検索サイトに雑誌の目次や論文の要旨を入力したり、論文の電子ファイルを整理してアップしたりしておかなくてはなりません。当然、手間や費用がかかります。紀要を発行する大学や博物館、規模の小さな同好会では十分手が回らない場合があります。事実、インターネット上で読むことができない紀要や同好会誌は多くあります。それに対して、学術雑誌に載せた論文は、学会のホームページで目次が見られたり、検索システムで要旨が（条件によっては本文も）見られたりするのが一般的です。

　査読がある雑誌に掲載する2つ目のメリットは、**批判を受けることによって論文がよいものになる**ということです。自分がひとりで書いた原稿には、どうしても他人にはわかりにくい点があるものです。表現上の問題だけではありません。論理に飛躍があったり、他の解釈ができる可能性があるのをうっかり気づかずにいたりと、問題を残している場合もあります。もし問題が大きいと、将来、「同定の根拠が不明確だ」などと疑義が生じて、引用されないかもしれません。論文を書き慣れた人であっても、なかなか完璧な原稿を書けるものではありません。論文を初めて書く人や論文を書いた経験が少ない人であれば、なおのことです。査読コメントに対応することで原稿の問題点を直す機会が得られることは、しっかりしたよい論文を発表することつながります。これは査読がある雑誌に論文を載せる大きなメリットです。

4-3-3 査読をおそれる必要はない

　「どこの誰だかわからない査読者に批判され、書き直しを迫られるのは嫌だなぁ」という気持ちは私にもわかります。しかし、査読による審査をおそれることはありません。**査読者のコメントは投稿者への悪口ではなく、原稿に対する科学的な批判**です。自分の意見を押しつけるようなものでは

なく、論文の問題点や改善すべき点を指摘するものです。知らずにいた情報を教えてもらい、引用文献にあげることができる場合もあります。調査結果について、自分が気づいていなかった視点から意義があることを指摘され、研究の位置づけを改善できる場合もあります。よく考えると、コメントは納得できるものであることが多いものです。「なるほど」「そうだよな」と思いながら、書き直していけばよいわけで、困難な作業でも苦痛をともなう作業でもありません。

　納得できないコメントをされた時は、筋道の通った説明で反論すればよいだけです。ただ、査読者のコメントの方が間違っているというケースはたいへん少ないことをつけ加えておきます。査読コメントへの対応の仕方は 11 章で詳しく説明しますので、ご安心ください。

　和文学術雑誌の編集に携わる立場から、もう少し率直にお話ししましょう。日本鳥学会誌以外でも同様であると思います。和文学術雑誌の編集では、査読者に対して、原稿への否定的な意見や投稿者への厳しいコメントを求めてはいません。国際的な英文学術雑誌では投稿論文の大半を却下しています。こういう雑誌では、査読者に対しても、原稿の問題点をどんどん指摘し、質の低い原稿には却下の意見（審査結果）を寄せることを期待しています。しかし、和文の学術雑誌では、却下の判定がなされることはまれです。編集者は、公表する価値のある内容を含む原稿であれば、できる限り掲載しようという態度で編集しています。問題が多い原稿であっても、何とか科学論文として成立するレベルに達するまで書き直しをして、整えてもらうよう努めています。

　投稿原稿も決して多くはないので、雑誌発行のためにできれば却下の判定をしたくないという事情もあります。査読者も編集者の考えを理解しているので、単に原稿の問題を批判するだけという人はまずいません。親身になって問題の解決方法や改善策を示したり、不足している文献を具体的に示したりしてくれる人が多いのです。時には、「この査読者なしには、この原稿は掲載できなかったであろう」と思うような教育的、献身的な査読をしてくれる人もいます。

　査読を心配せずに、ぜひ査読制度のある学術雑誌を投稿先に選んでいただきたいと思います。

4-3-4 紀要の存在価値

　査読なしで論文を発表することはどのような場合も避けるべきだというのが、私の考えではありません。紀要には査読がないものも多くあります。これらには、学会が発行する学術雑誌とは異なる目的があります。例えば、私の職場の『自然教育園報告』の目的のひとつは、自然教育園内の動物相・植物相の記録を残すことです。ですから、園内の植物相の変遷や園内で初めて観察された鳥の記録などを掲載します。

　このように発行する機関の施設を維持し、利用していくために、資料として役立つ論文を載せるのは紀要の役割です。論文に一定の科学的価値を求める学術雑誌では掲載されない内容でも、紀要では重要性をもつ論文もあります。自然教育園以外の博物館や演習林のような施設でも同様だと思います。

　また、紀要はその機関の職員が行った研究を紹介するという目的ももっています。学術雑誌には載らないような小さな調査結果でも、紀要で報告することはあります。また、機関によっては、学術雑誌に掲載された職員の論文をそのまま紀要に再録する場合もあります。もちろん、著作権に関わる問題をクリアしたうえでのことですが。

　紀要には、その機関が研究に役立っていることを示すという目的もあります。先に述べたように『自然教育園報告』には、職員以外の人が園内で行った調査の成果についても寄稿していただいています。これによって、研究のフィールドとして利用されていることを示すことができ、研究資源としての価値が公になります。多くの紀要の掲載論文や投稿規定を見ると、演習林内で行った調査（演習林の紀要）、博物館標本を利用して行った研究（博物館の紀要）も掲載されることがあります。県立博物館の紀要で、その県内で行った自然史研究であれば対象となるというものもあります。

　以上のことから、紀要に論文を発表するという選択肢を考えるべき場合もあると言えます。卒業論文の内容が大学構内の自然環境の記録として資料的価値があるから（学会誌に載せるだけの価値はないが）、大学の紀要に載せるということはあるでしょう。植物園の職員との共同研究で、標本も活用させてもらったから、簡単なまとめを植物園の紀要に載せようとい

うこともあるでしょう。県初記録の鳥を観察したが、近隣他県では記録があって学術雑誌には掲載されないという時に、県立博物館の紀要には掲載できることもあります。

5 記録・報告の書き方

　ここからは実際の論文の書き方について説明していきます。原著論文の書き方に先立って、ここではまず、記録や報告というカテゴリーに属する論文の書き方を説明します。その理由の1つは、記録や報告を書いてみたいという方が多いと思うからです。原著論文を書くほどの研究はまだ行っていないが、記録や報告に掲載できる珍しい観察をしているという方は多いのではないでしょうか。

　もう1つの理由は、記録や報告の書き方の中に科学的な文章を書くうえでの基礎が含まれているからです。記録や報告はある種の国内初記録のような発見を報告するのが目的で、自分の研究の科学的意義を説明したり、結果の解釈や考察を述べたりするものではありません。したがって、事実を正確に伝えることに主眼がおかれます。これは原著論文の「方法」や「結果」の部分を書く時も同様です。原著論文を書こうとしている方も、まずこの章をお読みになってください。

5-1 どのような観察ならば投稿できるか

　どの程度珍しいことを発見したら、記録や報告として掲載されるのでしょうか。植物・魚・昆虫・鳥など、どのような分類群であっても、ある種を日本で初めて確認した場合は、間違いなく掲載に値する情報です。では、国内の他の地方で記録がある種について、東北地方では初めて確認したという場合はどうでしょうか。さらに、県レベルでの初記録ではどうでしょうか。これらが掲載に値するかどうかは、分類群によって異なります。また、同じ分類群でも雑誌によって掲載の基準は異なることがあるでしょう。

　日本鳥学会誌の場合、おおむね関東地方・東北地方など一定の範囲での初記録は掲載に値すると考えています。近隣の県で記録がある場合は基本的に受けつけていません。群馬県・茨城県・埼玉県で記録がある種の栃木県初記録は受けつけないということです。しかし、今までの北限よりも北

での記録のように単に行政区画（県境）で考えるべきではないこともあります。また、同じ県の中でも、島嶼（しょ）については重要性が異なるので新記録を掲載することがあります。

さらに、渡り時期に幼鳥の記録しかなかった種について、繁殖期に生殖羽の成鳥が観察された場合などは、記録としての価値が高くなります。海辺に生息する種が高山で観察されるなど、珍しい生息場所での観察も掲載に値する記録になることがあるでしょう。このように、新分布の発見だけではなく、冬鳥の初繁殖記録、記録が少ない種の初めての音声録音、珍しい行動なども掲載対象になることがあります。

新分布にせよ、珍しい行動にせよ、どの程度新しい（珍しい）ものであれば掲載するという単純な線引きはできません。これは日本鳥学会誌だけではなく、どの雑誌でも同様だと思われます。もし、掲載されるかどうか自分で判断できない観察をした場合には、投稿する前に編集者に問い合わせることをお勧めします。時間をかけて原稿を整えて投稿した後で、あまり珍しい観察ではないから掲載に値しないという返事をもらうのでは残念です。

つけ加えておきますと、ある雑誌で掲載に値しないとされた観察事実も重要な情報です。普通に見られる種を含めて、県やより狭い地域ごとの生息状況を記録しておくことは、生物相の変遷を知るためにもその種の保全を図るためにも必要なことです。しかし、そのような記録もすべて論文として学術雑誌に掲載されるべきだとは言えません。情報収集の窓口の役割を学術雑誌に負わせるのは無理があります。学術雑誌はその雑誌が扱う学問分野で一定の科学的価値があり、一定の珍しさがある記録を論文として掲載するものです。学会誌に掲載されない情報も、地方の論文誌や紀要に発表したり、自然誌資料やデータベースとして保存したりすることが望まれます。

5-2 写真は必要か

記録・報告を投稿する際に、観察・採集した個体の写真は必要でしょうか。一概に言えませんが、一般には、種（や亜種など）を同定して新分布を報告する論文では原則として必要でしょう。

新分布を報告する論文では、観察・採集した個体の同定が極めて重要です。写真があれば、**同定のために必要な形態の特徴をわかりやすく伝える**ことができます。写真はさまざまな形態の情報を含んだ図としてたいへんすぐれたものです。

　文章の記述だけだと、「尾の先の白色部が広い」「胸の縦斑が細かい」などと書いても、読者には微妙な程度の違いがわかりません。同定の決め手となる形態的特徴には、定量化しにくく、言葉では表現が難しいものがあります。写真があれば、どの程度「広い」のか「細かい」のかが一目瞭然です。もし、論文の著者が「広い」と表現している、同定のポイントとなる白色部が、類似種でも見られる程度の広さであれば、写真からそのことがわかります。そして、投稿した雑誌の編集者や（査読つき雑誌の場合は）査読者から、誤まった同定であったり他の特徴から同定を検討し直す必要があったりすることを指摘されることになるでしょう。写真がなければ、誤った同定が見過ごされてしまう可能性もあるわけです。

　論文における同定の記述をわかりやすくすることの他にも、写真には重要な意味、すぐれた点があります。**後日、分類や同定を検討する際に、さまざまな形態の情報をとり出すことができる**という点です。

　例えば、ある種（種A）について分類学の研究が進んだところ、その中に複数の種（種A1、種A2）が含まれていることがわかったとします。そのことがわかる前に、種Aの新分布を報じる論文を写真なしで発表していたとしたらどうでしょう。その論文の記述では、観察個体が類似種（種Bや種C）ではなく、種Aの特徴をもつということは書いてあっても、新たな種A1と種A2を識別するためのポイントとなる形態については何も書かれていなかったということも起こり得ます。新たな分類のもとでは、そのような論文の価値は大きく低下してしまいます。もし、写真つきで論文が発表されていれば、観察個体が種A1であるか種A2であるかを判断することができ、その分布を知るための有効な情報となる可能性があります。

　近年、形態や生態に関する知見が蓄積され、またDNAを用いた分子系統が次々と明らかにされるようになり、分類学はどんどん進展しています。上述の例のような分類の見直しは、多くの分類群で実際に起きています。

後々まで役立つ資料とするため、新分布を報告する論文には写真があった方がよいと言うことができます。

　以下、3つのことについて付記します。1つ目は、写真があっても、文章で形態の記述をきちんと行わなくてはならないということです。写真を見ただけではわかりにくい形態的特徴もあります。また、写真よりも計測値が形態の特徴をよく表す場合もあります。どういう形態であり、どのような点から同定したのかは、文章で記述しなくてはなりません。写真は、文章ではわかりにくい点をもわかりやすく伝える図としてお考えください。

　付記の2つ目は、写真は確かに見たという証拠を示すために載せるのではないということです。一般に、論文で報告する発見は、証拠を求められるものではありません。原著論文でも、観察や実験の結果であるとして示した事実について、実際に本人がデータをとったという証拠が求められないのはご存じのとおりです。データは捏造されていないと信用するのが基本的な考え方です。それに、写真も完全な証拠とはなり得ません[1]。仮に悪意があれば、他所で撮影した写真を新分布の論文につけることもできてしまうわけです。

　最後に、写真がない場合でも、直ちに論文発表をあきらめないでいただきたいと思います。短時間で飛び去った鳥の場合など、写真を撮影できなかったということもあります。その場合でも、文章でしっかりと形態の記述がなされていて、同定に誤りがないことがわかれば、論文として掲載される可能性は十分にあります。写真は見た証拠ではなく、形態をわかりやすく示す図であるからです。しかし、形態を写真で示さなくてはならない分類群や、重大な発見で同定に誤りがないことを写真で示すことが必要となるケースもあります。写真の有無と掲載の可否について不明な際は、投稿する前に編集者に尋ねるとよいでしょう。

＊1:新分布の「証拠写真」という言葉が使われることはありますが、これは同定が間違っていないということの「証拠」という意味であろうと私は思っています。

5-3 記録・報告に必要な情報

　記録や報告では、「誰が」「いつ・どこで」「何を見たのか」「その位置づけ」の4つの情報が明らかにされていなくてはなりません。「その位置づけ」とは、日本初記録、北限の上昇などといった観察事実が意味することです。何が新しい事実なのかということです。

　体裁は、「はじめに」「観察場所」などの見出しをつけずに全文を書くという雑誌が多いようです。一方、日本鳥学会誌では、観察記録のための原稿形式（フォーマット）を定め、原則としてこれに従って箇条書きにするよう求めています。これに従うと、必要な情報がすべて書けるようになっています。鳥以外を含め、他の雑誌に投稿する場合にも、参考にしていただきたいと思います。

　いずれにしても、原稿の体裁によらず、「誰が」「いつ・どこで」「何を見たのか」「その位置づけ」を明確に書くことが重要です。

日本鳥学会誌　観察記録の原稿形式（フォーマット）
1. 種名・観察個体数
2. 観察者名
3. 観察日時・場所
4. 観察距離
5. 観察した環境
6. 形態に関する記述
7. 計測値
8. 種を同定した規準
9. 観察した行動
10. 写真の有無
11. 死体・標本保管場所
12. 過去の記録とその文献
13. その他
14. 考察
　分類学・生物地理学などに関する一般化できる論議ではなく、観察事実の位置づけ（12で書ききれなかった場合）や、他の場所、時間での同一と思われる個体または群れの観察情報などを書く。

5-3-1「誰が」：観察者名

誰がそれを見たのか、採集したのか、あるいは死骸を拾得したのかという情報は必要です。これは論文の著者と一致することもありますが、必ずしもそうではありません。論文の著者には現場で観察をした人以外の人が含まれる場合があります。例えば、文献を調べて写真を検討し同定に貢献した人や、捕獲個体の特徴を博物館標本と比較して種を同定した人が共著者になっていることもあります（共著者の決め方については 7-2, p. 108 参照）。著者が 1 人の場合、特に記されていなければ著者が観察したとわかりますが、そうではない場合には観察者名を明記する必要があります。

5-3-2「いつ・どこで」：観察日・場所

古い出版物の記録や記事では、時として観察日や正確な場所が書かれていないことがあり、引用に困難をきたしています。これらの重要な情報を書きもらさないようにしましょう。

野帳を見返せば、観察した日や大まかな時刻を書くことは難しくないでしょう。しかし、観察した場所やその環境については、どの程度細かく書いたらよいか迷う方もいるのではないでしょうか。その程度は、簡単に言えば、観察に付随する情報として読者が知りたいと思う範囲ということになるでしょう。実際には、場所は地図上のどこであるのかを行政区画（県名・市名など）で示します。経度・緯度を合わせて書くのもよいでしょう。そして、環境については植生の構造や主要な構成種がわかる程度に書きます。

場所や環境については、必要なことが書かれていなかったり、逆に不必要なことが書かれていたりする原稿に出会うことがあります。例をあげて説明します。

> ■悪い例
> 観察した場所は〇〇県△△市の通称××地区にある公民館裏で…

この例は、十分に詳しい情報が書かれているようにも思われます。しかし、通称××地区では、読者にはそれがどこであるかがわかりません。ま

して、その地区の公民館がどこにあるかなど、わかるはずがありません。この例では、△△市の中であるという以上に細かい情報は伝わらないことになります。

　特に細かく書く必要がなければ、○○県△△市とするだけでもよいでしょう。山や湖、岬などであれば、その名称を書いた方が当然わかりやすくなります。緯度・経度を書いておけば、正確な場所を簡単に示すことができます。必要な際は、標高も書いておくとよいでしょう。

□よい例
　観察した場所は○○県△△市の◇◇岳の南側山麓（北緯 35°51′, 東経 139°18′；標高 120m）で…

緯度・経度は国土地理院の地形図を購入すればわかりますし、インターネットでも簡単に調べることができます [*2]。

次に、観察を行った場所の環境の書き方です。

■悪い例
　植生はオオシラビソ Abies mariesii にコメツガ Tsuga diversifolia、エゾマツ Picea jezoensis を交えた森林で、ダケカンバ Betula ermanii、ナナカマド Sorbus commixta、チシマザサ Sasa kurilensis、……、ツバメオモト Clintonia udensis なども見られた。

　この例では、正確に植物名が書いてあります。しかし、種名を列記されてもどのような環境の場所なのか、森林の構造などはわかりません。正確ではあっても、読者には不要な種の羅列にすぎません。どのような構造の植生なのかを示し、植物の種名は代表的な必要最小限のものだけをあげればよいでしょう。

□よい例
　植生はオオシラビソ Abies mariesii が優占した針葉樹林で、林床はチシマザサ Sasa kurilensis に覆われていた。

もうひとつ、観察場所に関する記述でときどき見かけるものに、以下の

＊2：国土地理院地図閲覧サービス（ウォッちず）　http://watchizu.gsi.go.jp/index.html
　　　Google earth　http://earth.google.co.jp/

ようなパターンがあります。

■悪い例
　今回オオセッカを観察した場所ではタシギ Gallinago gallinago、モズ Lanius bucephalus、オオジュリン Emberiza schoeniclus も越冬しており、2001 年には珍しいコモンシギ Tryngites subruficollis やミヤマシトド Zonotrichia leucophrys も記録された。

　著者は自分の好きな分類群（例えば鳥）全体について、しばしば強い興味をもっています。また、通い慣れたフィールドに愛着をもっている場合もあります。特に珍しい種の生息や記録は、調査地の紹介に含めたいところかもしれません。しかし、読者にはどのような環境の場所で観察したかということが伝わればよいわけですから、そのような情報は必要なものではありません。鳥にとってよい環境であることを読者に知らせるために役立つ情報だという反論もあるかもしれません。しかし、環境を詳しく書くのならば、餌生物や捕食者などについての情報こそ必要でしょう。もちろん、特に観察事実と関係があるわけでなければ、餌生物や捕食者について書く必要はありません。

□よい例
　　（特に他種の情報が必要である場合を除き、書かない）

　なお、ここでの例では生物の和名に学名をつけてあります。これは、論文では本文に種名を初めてあげた時、和名とともに学名を書くことになっているからです。自分の調査対象ではない生物でも同様です。鳥の論文原稿で、植物の学名が抜け落ちているのをよく見かけます。気をつけましょう。

　学名を付記するのは初出時だけで、2 回目からは和名だけを書きます。また、ある種と同じ属の種の学名がすでに現れている場合は、属名は頭文字だけに略記します。

例　学名の書き方
　ツツドリ Cuculus saturatus は、本州では森林内でセンダイムシクイ Phylloscopus coronatus やメボソムシクイ P. borealis に托卵する[*3]が、北海道では林縁のチシマザサ Sasa kurilensis のやぶの中にあるウグイス Cettia diphone の巣にも托卵する（文献）。今回ツツドリの新たな托卵相手として ……。

> （メボソムシクイの属名が略記されていること、2回目のツツドリでは学名がないことに注意）

5-3-3「何を見たのか」：自分が観察した事実

　ある鳥の種について生殖羽のオスを観察した、ある植物の亜種を発見し標本として保存したなどということを書く一番重要な部分です。珍しい行動の記録などでは該当しませんが、ある地域の初記録のような記録・報告では、この部分はさらに2つの部分に分かれます。観察事実を記述する部分と同定の規準を説明する部分です。

　観察事実を記述する部分で最も大切なのは、自分の考えを入れないことです。事実を淡々と述べます。形態についての記述は、体全体についてまんべんなく行います。全体の形や大きさに始まり、形や色について（動物であれば）頭の先から尾の先まで、ひととおり文章で書きます。近縁種と区別する際に必要な識別ポイントだけについて書くわけではないことを注意してください。

　体のある部分を指す時は、「後頸」「上尾筒」のように正しい用語を使います。「えり」「尾の付け根の羽」などの言葉では、人によって思い浮かべる場所が違ってしまうかもしれません。少しでもあいまいな表現は避けなくてはなりません。色の表現でも、「濃く黒っぽい茶色」などとはせず、「黒褐色」のように書きます。体の各部の名称は図鑑などの本に載っています。鳥の場合、『鳥類学用語集』[*4]も役に立ちます。

　形態の記述の仕方は、それぞれの分類群によって違いますから、学術雑誌に掲載されている論文や図鑑の記述を参考にするとよいでしょう。観察事実を記述する部分では、見たことを書くだけなので文献は引用しません。

＊3：ツツドリ・ホトトギスなどのカッコウの仲間は自ら巣を作らず、他種の鳥の巣に卵を産み込む托卵の習性をもっています。カッコウ類の種が托卵する相手の種は、ある程度決まっています。

＊4：鳥学用語集（3,000円、送料別）は日本鳥学会が発行、販売しています。購入方法は以下のウェブページでご覧ください。
http://wwwsoc.nii.ac.jp/osj/japanese/katsudo/Publications/Yogoshu.html

同定の規準を説明する部分では、類似種としてどのようなものがあるのかについて、また類似種と当該種の特徴について述べます。そして、観察した個体が当該種の特徴をもち、類似種の特徴をもたないことを述べます。述べる順序は、このとおりである必要はありません。わかりやすく書くことができればけっこうです。

　この部分では、種の特徴を記した文献の情報も引用して比較・検討し、最終的に同定という著者の判断を下します。単に観察した事実を書くだけではありません。しかし、書く内容は推定ではなく、間違いのない判断でなくてはなりません。「A種である可能性が高いが，B種であるかもしれない」などという状態では、論文にすることはできません。種についての新分布であれば、亜種については同定できないという場合でも論文にする価値はあります。亜種がはっきりとわからないのに、亜種が同定されたかのように書く必要はありません。

　亜種a、bの分布域を比べ、観察した場所が亜種aの分布域の中にあるから観察個体は亜種aであるとか、亜種bの分布域に近いから亜種bであるなどと判断してはなりません。これは循環論法になっています。亜種bの分布域に近いから観察個体は亜種bなのだという判断で、亜種bの生息場所が記録されるとしたらおかしなことでしょう。一度、論文になれば、次の機会にはそれが引用され、亜種bの分布域が語られることになってしまいます。

　種や亜種は確実な証拠から間違いがないという場合にしか同定することができません。**同定の規準を説明する部分では、単なる事実ではなく著者の判断を書く**わけですが、推量ではなく、**確実で間違いのない結論**を書かなくてはなりません。

　最後に、専門家が同定したとして、この部分の記述を省くことがないように注意してください。同定が難しい分類群には、識別に詳しい人や分類の大家がいることがあります。そういう人から情報をもらって同定の参考にすることはあるでしょう。しかし、論文に書かれていることは論文の著者自身による根拠のある判断でなくてはなりません。仮に大家から助言をもらったとしても、その説明に納得し、著者自身が間違いないと判断して論文に書くわけです。「同定は○○先生による」などという原稿を見るこ

bの分布域に近いからb？

ともありますが、自分の判断ではないことを発表するという態度で論文を書くことはできません。

5-3-4「見たことの位置づけ」：何が初なのか

論文として発表するためには、単にどこで何を見たという事実を書くだけでは不十分です。観察したことが今まで知られていることと比べてどのように新しいのか、珍しいのかをはっきりと示す必要があります。発見事実を既知のことがらの中で位置づけるのです。簡単に言えば、日本初記録であるとか、国内の北限の上昇であるとか、冬鳥の初繁殖記録であるといったことです。これは、おそらく著者が論文を発表するにあたって強調したい点でしょうから、簡単にできることと思います。

この部分では、すでに公表されている情報を調べあげ、それに基づいて発見事実を位置づけなくてはなりません。公表されている情報として、学会が出版している目録（リスト）[5]や学術雑誌に掲載された記録はすべ

---

*5：鳥であれば『日本鳥類目録』。4,200円（送料別）で日本鳥学会が発行、販売しています。購入方法は以下のウェブページでご覧ください。
http://wwwsoc.nii.ac.jp/osj/japanese/katsudo/Publications/Checklist6.html

て調べる必要があります（調べ方は 9-6, p. 177 で説明します）。学術雑誌以外にも、全国で販売されている一般雑誌、同好会の会報の記事、インターネット上のホームページなどさまざまなところに情報はあります。

　これらをどこまで引用しなくてはならないのか、どこまで引用してもよいのかについて、一般には明確な線引きはありません。これら論文以外の形で発表されたものには、形態の記述や同定の規準が十分に示されているとは限らず、あいまいなものもあるからです。時には、一般雑誌やウェブページに、間違った種名とともに写真が掲載されていることもあります。論文以外の情報については、少なくとも引用しなくてはならないということはないと思います [*6]。

　もちろん、一般の雑誌でも、同定規準がわかるしっかりとした記事もあります。それが自分の観察事実の位置づけに関わるものであれば、引用した方がよい論文になるでしょう。もし、自分が見つけられなかったそのような記事を投稿後、編集者や査読者に指摘されたら、ありがたく引用して書き直せばよいでしょう。

　同定の規準がはっきり書かれていない記事や情報を見つけたが引用してもよいかと問われたら、引用しないか、するにしても参考情報として扱うにとどめた方がよいとお答えします。自分が述べることの根拠として使うのではなく、「確実ではないがこのような情報もありますよ」という扱いです。引用することで論文がよくなる場合だけと考えた方がよいでしょう。

5-4 誰にでもわかる正確な記述をする

　論文の記述は誰が読んでも同じ意味に理解できるものでなくてはなりません。人によって異なるイメージでとらえてしまう記述をしないように注意しましょう。長さは何ミリメートル、色は「褐色でわずかに緑色を帯びる」などとできるだけ正確に、客観的に書きます。もちろん野外で観察した鳥の場合、体長をミリメートル単位で示すことはできません。「ホオジロよりもやや大きい」などと表すことはやむを得ません。できる範囲で客

＊6：新種記載のような分類学の論文では、引用すべき文献を学術雑誌に限っておらず、同定が間違いないと判断される場合はどのような印刷物でも引用される傾向があります。

観的な、正確な記述であればよいのです。

音声（鳴き声）が重要な記録である場合も、論文に録音テープや CD をつけることはできませんから、書いたもので正確に示さなくてはなりません。「スイスイ」「ピピピピ」などとカタカナで書くと人によって思い浮かべる音が違ってきてしまいます。誰にでもイヌの声が「ワンワン」、ウグイスの声が「ホーホケキョ」と聞こえるわけではありません。外国（英語）ではイヌは「バウワウ（Bow wow）」です。ウグイスも、私には個体によって「ホーキョコホ」「ヒーホキョキョッ」などと聞こえます。そこで、観察時の行動や音声をとして情報をつけ加える場合も、

「ツツジャージャー」と鳴いた

などと自信をもって断定的に書くのはよくありません。

「ツツッジェージェー」「チチッジージー」などと聞こえる声で鳴いたのように、可能な範囲で音をよく表現する書き方を工夫し、必要ならば複数の書き方をするのがよいでしょう。

音声から種を同定したというように、音声の情報が重要な意味をもつ場合には、ソナグラム（ソノグラム、サウンドスペクトログラムともいう。いわゆる声紋）を図として添える必要があります。そして、次の例のように、本文中で音の長さや周波数など音響学的特性について記述します [7]。

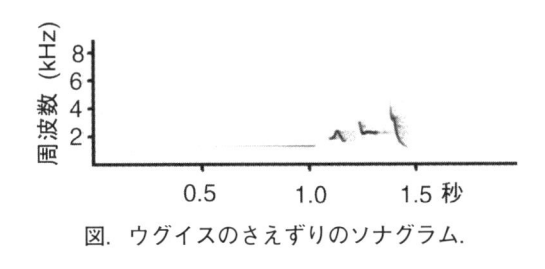

図．ウグイスのさえずりのソナグラム．

---

[7]：音声の分析、コンピューターソフトウェアなどについては以下の本やウェブサイトが参考になります。

蒲谷鶴彦監修・松田道生著（2004）野鳥を録る，野鳥録音の方法と楽しみ方．東洋館出版社，東京．

Syrinx（松田道生）http://www.birdcafe.net/syrinx-index.htm

鳥類研究者のための音声分析ガイド（百瀬浩，鳥学通信 No.12）
　　http://wwwsoc.nii.ac.jp/osj/japanese/katsudo/Letter/no12/OL12.html#02

□ **よい例1**
さえずりは3つのノート（音要素）からなり、それぞれのノートは0.6～0.7秒続き、周波数は5.8～6.9kHzであった。

□ **よい例2**（この例文は前ページのソナグラムの説明）
さえずりの持続時間は約1.2秒であった。さえずりの前半部は周波数が一定であるのに対し、後半部は複雑な周波数変調がみられた。前半部は1.3kHzの1つのノート（音要素）から、後半部は3つのノートから構成されていた。後半部の周波数は1.1kHzから4.3kHzの範囲であった（図）。

つけ加えると、音声によって種を同定するには、この例のように音響学的特性を記述するだけでは不十分です。録音した音声が当該種のものと同じであり、類似種のものとは異なることを、定量的な音響学的データから示す必要があります。つまり、当該種や類似種のものであるとわかっているソナグラムと比較して、自分が記録した音声が当該の種のものであることを説明することになります。

5-5 事実と考察の峻別

記録や報告では、原著論文や短報とは異なり、分類学や生態学に関わる一般的な考察を書く必要はありません。しかし、記録や報告の原稿でも、同定の部分では著者の判断が入ります。また、観察事実の位置づけを説明する部分では著者の考えを述べることになります。その他にも、観察事実の解釈などで細かい考察を述べる場合もあるでしょう。このように、著者が考えたことや判断したことを書く時には、**どこまでが観察した事実で、どこからが自分の考察であるのかをはっきりと分ける**ことが肝要です。

まず、自分の考えを事実のように書いてしまった例を示します。

■ **悪い例**
チシマシギを10月27日朝に発見した。このチシマシギは10月26日夜から27日早朝に渡ってきた。

この文では、ある時間帯に渡ってきたことが事実であるように書かれています。しかし、それが間違いのないことに思えたとしても、本当に渡っ

てくるところを見たのでない限り、このような書き方をすることはできません。著者は、何らかの根拠があって、その時間帯に渡ってきたと考えているのでしょう。そうであるならば、その根拠をつけて、推定であることがわかるように書かなくてはなりません。もし、26日以前には観察されなかったことから、そのように考えるのであれば、26日以前には見なかったという事実と、推定する論理を以下のように書かなくてはなりません。

□**よい例**

　チシマシギを10月27日朝に発見した。チシマシギは前日までは観察されなかった。観察地の〇〇島は面積1km²の狭い島で、前日も観察を行ったので、この種がいれば容易に発見されたと思われる。したがって、このチシマシギは10月26日夜から27日早朝にかけて渡来したものと考えられる。

次に、事実と考察が混じって、区別されていない例を示します。

■**悪い例**

　6月15日には、調査地内で尾の短い幼羽個体が観察され、繁殖が確認された。

この文では、事実と考察がはっきり区別されていません。繁殖したとい

うことは、(少なくとも鳥類では)卵や雛が入っている巣の発見が必要です。成長羽に生え換わっていない幼羽の個体がいたことが、直ちにその地での繁殖を意味するわけではありません。繁殖しただろうというのは、観察から著者が考え、推定したことです。そのことがはっきりわかるように正直に書かなくてはなりません。

> □よい例
> 6月15日に尾の短い幼羽の個体を観察した。幼羽で尾が短いことから、まだ尾羽が伸びきっていない巣立ち後間もない個体で、移動能力が低いと考えられる。したがって、この種が当地で繁殖した可能性が高いと考えられる。

　自分の考えを強く主張したいからといって、考察したことを事実であるかのように書くことは、かえって主張の説得力をそいでしまいます。著者の考えが合理的で納得できるものであることを示すには、事実は事実として報じ、考察は考察として正直に書く方が効果的です。**事実からどういう論理で著者の主張が導かれたのか**という考え方の道筋を、**はっきりと言葉で示す**ことが重要です（上のよい例を参照）。

　事実と考察の峻別は、科学的な文章を書く際の最重要ポイントのひとつです。自分には明らかだと思える場合や考察を強く主張したい場合には、特に注意して考察は事実と区別して書くように心がけましょう。

5-6 あいまいな推測から主張しない

　事実と区別して書いたとしても、考察があいまいなものではいけません。考察といっても、単に自分がそう考えたというだけではなく、しっかりとした根拠があることを書かなくてはなりません。あいまいな推測を書いてしまった考察には、次のようなものがあります。

> ■悪い例
> 発達した常緑広葉樹林を好む本種が、今回関東地方で初めて観察されたことは、この場所が本種の渡りの中継地として使われる貴重な林であることを示すものと言えよう。

　著者は、珍しい鳥が見つかった自分のフィールドはすぐれた貴重な場所だと言いたくなるかもしれません。しかし、1羽の鳥が飛んできたからといって、その場所が渡りの中継地として使われているとは言えません。い

ろいろな偶発的な要因、例えば台風の風に飛ばされてきたというようなことも関係している可能性があります。また、他の場所にはない貴重な環境であるかどうかもわからないことです。この考察の例は、根拠がない言明であり、推測にすぎないものです。削除しなくてはなりません。

単にあいまいな推測を述べるのではなく、**自分の考えることの他にも可能性があるのにそれを考慮せず自分の主張だけを書くことにも**、注意しなくてはなりません。

■悪い例
　以上のように、東南アジアで越冬するとされている本種が、近年、国内各地で冬季に観察されている。このことは地球温暖化の影響だと思われる。

かつては国内での越冬記録がなかった鳥が、国内で冬季に多く記録されるようになった場合、その原因は地球温暖化だと言ってよいでしょうか。他のことが原因となる可能性はないでしょうか。もしかすると、環境改変によって、その種が好む生息環境が国内で多くなり、それによってその種が越冬するようになったのかもしれません。また、以前から越冬していたのに、野外での発見や識別が難しい鳥であるために、かつてはほとんど見つけ出されなかっただけかもしれません。野外観察者が増えてきたり、観察者の識別能力が高くなったりしたことで、記録が増えることもあり得ることです。このように他の可能性もあるのに、それを無視して自分の考えだけを主張することは科学的態度ではありません。この例の場合、地球温暖化の影響だという考察は、他に根拠があるのでなければ削除しなくてはなりません。

6 原著論文を書く前に

　一定量の調査データをまとめ、考察を加えたものが原著論文です。したがって、記録や報告のように観察事実を正確に書くだけでは、原著論文はできあがりません。調査データから何がわかり、それがどのような科学的意義をもつのかを説明しなくてはならないからです。データからわかったこと、これが論文のオリジナリティであり、原著論文の存在価値になります。

　したがって、原著論文を書く前に、その論文のオリジナリティは何かを十分に考える必要があります。手もちのデータからわかったことは何か、その意義はどこにあるのかを見きわめずに、原稿を書き始めることはできません。

　原著論文の書き方を説明するに先立ち、この章では、原著論文に必要なオリジナリティとは何か、自分のデータからオリジナリティを見出すにはどうすればよいかについて説明します。また、自分のデータが原著論文になるかどうかを判断するポイントについても解説します。

　短報は、内容的に原著論文に一歩及ばないものですが、論文の構成は同様です。短報を書く前にも、この章を参考にして、データからわかることと、その意義を考えていただきたいと思います。

6-1 どのような内容ならば原著論文になるのか

　原著論文とは、調査の結果を報告し、その結果からわかったことをまとめたものです (4-1-2, p. 62 参照)。したがって、少数の事例の観察ではなく、定量的な調査に基づいたものである必要があります。例えば、2、3個の鳥の糞から何を食べていたのかを調べただけでは原著論文にはなりません。たとえ、とても珍しいものを食べていたとしても、あるいは珍しい鳥で何を食べるのかについて記録がなかったとしても、この事例から記録や報告は書くことができても原著論文は書くことができません。原著論

文となるのは、たくさんの糞を調べて、どの食物を何パーセント食べていたというような定量的データが得られた場合です。あるいは、長い期間糞を集めて、食物の季節変化についてデータを得たという場合です。

このように、**珍しいことを目にしたわけでなくても、きちんと調べれば原著論文は書けます**。しかし、調べて得た結果やそれからわかったことは、今までに知られていない新しいものでなくてはなりません。たくさんの糞を調べてある鳥の食性をきちんと調べあげたとしても、他の人がすでに同様の調査結果を論文として発表していれば、原著論文として発表する価値があるとは言えません。ただし、場所や季節が違っていて、そのことに意味がある場合は別です。例えば、都心の緑地で同様の調査をしたら、自然林とは違って食物が制限されていることがわかったという場合は、原著論文になります。

大ざっぱに言って、このようなものが原著論文に求められるオリジナリティです。新しく、独自なものがなくてはならないのです。しかし、オリジナリティというのはわかるようで、もうひとつはっきりととらえることができない言葉です。原著論文にはどのような意味で新しさが求められるのでしょうか。どの程度独自である必要があるのでしょうか。

6-2 オリジナリティとは何か

原著論文に必要なオリジナリティとは、**科学的に意味のある新知見**ということです。科学的に意味があるとは、生物学の理解を深めるということです。もちろん、多くの研究者が驚くような大きな学問的進展をもたらすものである必要はありません。鳥のなわばりの理解を一歩進めるというのでも、生物学の理解を深める新知見です。同様に、一年生草本の繁殖生態の理解を一歩進める、昆虫の卵の保護行動の理解を少しだけ進めるというのも立派な新知見です。実際に雑誌に掲載された3つの原著論文について、そのオリジナリティを見てみましょう。

餌および採食環境に応じたコサギ（*Egretta garzetta*）の採食行動と採食　なわばり（山田，1994．日本鳥学会誌 42: 61-75）

この論文は、前にも紹介したように、コサギがハス田ではなわばりを張

るが、河川では張らないことを報告したものです (1-3-1, p. 15 参照)。それまで、コサギについては群れて採食したり、単独で採食したりするという観察しかなく、なわばりについてはよくわかっていませんでした。この論文は、コサギが採食なわばりをもつことを明らかにしたというのが新しい点です。個体間の排他的行動を詳細に記録して、コサギのなわばり性を描き出したところに、オリジナリティがあります。

　加えてこの論文は、同じ種がなわばりを張ったり張らなかったりし、それが安定して餌生物を得られるか否か（ハス田か河川か）という環境に影響を受けていることを明らかにしています。このことは、動物のなわばりについて理解を進める意義ある新知見であり、この点でもオリジナリティがあると言えます。

皇居と赤坂御用地におけるカワセミ Alcedo atthis の繁殖状況（紀宮ら，2002. 山階鳥類研究所研究報告 34: 112-125）

　近年都心で繁殖するようになったカワセミの繁殖生態を報じた原著論文です。色足環を使って1羽1羽を区別できるようにし、10年間にわたる長期の観察を行った結果がまとめられています。つがい関係が継続する年数や繁殖個体の移動を明らかにした点が新たな知見であり、オリジナリティがあります。カワセミという種の生態を明らかにしたということに加えて、他の自然から隔離された都心の緑地に生息する鳥の定住性、移動性について理解を進めた点でも、科学的意義のある研究と言えます。

東京におけるヒバリの急激な減少とその原因（植田ら，2005. Bird Research 1: A1-A8）

　個体数が減少しているのではないかと言われているヒバリの生息状況を調べた原著論文です。まず、東京都による調査の結果を使って、ヒバリが実際に減少していることを示しました。また、コンピューターの地理情報システムを利用して、減少の原因が畑地の減少と栽培作物の変化（麦から野菜へ）にあることを指摘しました。

　ヒバリが減少していることとその原因を明らかにした点が、新しい知見です。土地利用と草原にすむ鳥類の関係について理解を進め、保全につい

ても役立つ新たな情報を提供した点で、オリジナリティがあります。

6-3 オリジナリティとは言わないもの

　オリジナリティとは、科学的に意味がある新知見だと述べました。そして、その知見はかなり狭い分野のものであっても、生物学の理解を大きく進めるものでなくても原著論文になるということが、おわかりいただけたと思います。少しでも鳥・植物などの理解を深める新知見であれば、和文で発表する原著論文に必要なオリジナリティとなり得ます。しかし、その新しいことにわずかでも科学的に意味がなくてはいけません。たとえ人に知られていなかった新しいことがらでも、あまりにも当然で自明なこと、意味がないということでは、原著論文のオリジナリティとはなりません。例えば、**既報のものと種や場所が違うというだけでは、オリジナリティがあるとは言えません。**

　ある種ではまだ調べられていないということがある場合、それを調べれば必ずオリジナリティを主張できるというものではありません。多くの近縁種で普通に見られ、すでに報じられていることを、ある種で見たとしても、当然のことだと言われるだけでしょう。

　例えば、コガモ・ヒドリガモ・オナガガモ・マガモなど多くのカモで知られている求愛ディスプレイを、アメリカヒドリで観察したという場合です。これまでアメリカヒドリの求愛ディスプレイについて報告されていなかったとしても、他のカモと同じ行動であれば、意味のある知見とは言えません。アメリカヒドリの求愛行動がそういうものであったと書くことで、原著論文としてのオリジナリティを主張することはできません。当然のことであり、鳥について理解を進めるものではないからです。

　場所を変えただけでオリジナリティを主張することもできません。すでに他の多くの場所でわかっていることについて、まだ調べられていない場所でデータをとっても、科学的に意味ある知見とはならないからです。

　例えば、東京郊外のある雑木林で鳥の種と個体数を調べたとします。その場所では調べられていなかったとしても、他の雑木林で同様の調査から同じような結果が得られていれば、調査結果を報告することに科学的意義は見出すことができないでしょう。調査した場所によっては、データに資

料的価値はあるかもしれませんが、原著論文に必要なオリジナリティを主張することはできません。

6-4 自分のデータからオリジナリティを生み出す

　原著論文を書くには、今までに知られていない目新しい結果が必要だというわけではありません。特に珍しいものではない調査データからも、オリジナリティを見出すことができます。

　あなたの手元に、東京郊外のある雑木林で10年間、鳥類生息数を調査したデータがあるとしましょう。そのデータで**自分がおもしろいと思うところ**はどこでしょうか。友人に「ずっと調査しているんだけど、こういうことがあるんだよね」と話したくなるようなことです。それがオリジナリティの芽生えです。

　例えば、下草刈りや落ち葉かきを行うようになってから、林床で採食する種が多く見られるようになっているのでしたら、雑木林の管理と生息種の関係について新知見を得たとしてオリジナリティのある論文を書くことができるでしょう。また、カラスが年々増えていて、それと同時に繁殖する小鳥類が減っているのでしたら、カラスによる捕食行動の観察もあわせて、小鳥の繁殖へのカラスの影響を前面に出して、オリジナリティを主張できます。

オリジナリティは「おもしろい」ことの中に

先のカモの求愛ディスプレイの例でも同様です。何年かの観察あるいは異なる場所との比較から、オスが多い（集団内でオスの割合が高い）時は求愛が活発になったりディスプレイの仕方が変わったりしていれば、性比（雌雄の割合）による求愛行動の変化についてオリジナリティのある論文を書けます。

　データのもつおもしろさを知る秘訣のひとつは、考えながら調査をすることです。毎週の雑木林の鳥類調査であっても、先週との違い、去年までとの違い、違いをもたらすものは何かなどを考えながら歩くのです。すると、オリジナリティの芽生えとなる興味深い現象に気づくことがあります。鋭い観察とは眼で細かく見るということではなく、考えながら見るということです。それによって自然への理解が進み、論文に書くことも頭に浮かんでくるのです。

6-5 文献だけからオリジナリティを考えるのは危険

　論文を書こうとする時、勉強熱心な人は自分の調査内容に関係のある文献をたくさん集めて、論文に何を書けばよいかと考えます。たいへんけっこうなことですが、文献の情報だけから自分の論文のオリジナリティを探すことがないように注意しなくてはなりません。

　書籍や論文をチェックしていくと、自分の調査と同じようなテーマで何がすでにわかっているかを知ることになります。また、自分と同じ対象種で何が調べられているのかがわかってきます。それらの情報だけから自分がどういう論文にまとめるか、論文のオリジナリティは何かを考えていくのは危険です。同じテーマでまだわかっていない、その種でまだ調べられていないという基準だけで、自分の論文のオリジナリティを生み出そうとしてしまうからです。すき間を探すようにして、まだ調べられていないことを見つけ出し、そのことを自分が偶然調査していたら「オリジナルだ」と主張しても、よい原著論文が書けないことは理解いただけるものと思います。

　オリジナリティとは、科学的に意味のある新知見です。科学的に意味があること、生物学の理解を一歩でも進めることが必要です。前節で述べたように、友人に話したくなるようなおもしろさがなくてはなりません。

ィールドで感じたこと、データを見て考えたことを土台にして、オリジナリティを考えていくことが大切です。

　ここまで、原著論文を書く前に考えておかなくてはならないオリジナリティについて説明してきました。次に、原著論文を書く前に疑問や不安に感じやすいことについて、説明していきます。

6-6 サンプルが少ないと論文にならないか

　おもしろいデータをもっている人に「ぜひ、論文にしてください」とお願いすると、「データが足りないからダメですよ」と言われてしまうことがあります。「観察例数が少ないけれど原著論文になるでしょうか」と相談を受けることもあります。サンプルが少ないと原著論文を書くことはできないのでしょうか。

　確かに、大量のデータからわかることは確実ですが、少数のデータからはあまりはっきりしたことは言えません。何年も調査したり、たくさんの個体を対象に観察したりして、サンプル数の大きなデータを得てから論文を書くのが理想です。しかし、たくさんのデータをとれないのは実際によくあることです。調査地が開発されて対象種がいなくなってしまった、遠い調査地で再び訪れる機会がないなどという場合、データを増やすのは不可能です。このようなやむを得ない事情ではなくても、どうがんばってもなかなか巣が見つからない、自分の興味が他のことに移ったなどという場合もあるでしょう。

　私は、このような場合も、**少ないサンプルからでも論文を書く姿勢**をもっていただきたいと思います。データの死蔵は避けなくてはなりません。自分に厳しい人は、サンプルを増やす努力が足りなかったのだとがんばろうとしますが、気合いを入れても以前できなかったことが簡単にできるわけはありません。「サンプルを増やしてから論文にします」と聞いたことはよくありますが、その後、論文になったのを見たことはほとんどありません。

　サンプルが少ない場合、あまりはっきりしたことは言えないということは注意する必要があります。こういうことがわかったと言えるであろう、

しかし確実ではないという書き方になります。

例えば、カモの求愛ディスプレイについて、オスの割合が高い場所ほどオスの求愛が活発な傾向が見られたが、調査した場所は4か所、2年分のデータしかなかったとします。その場合、「一応こういうデータが得られたので報告する。性比によってオスは求愛行動を調節しているのかもしれない」という書き方になります。サンプルが少ないのに、何々がわかったと大きなことを言ってはいけません。結果から言える範囲のことを言うにとどめればよいわけです。ただ、わかったことは少しあいまいなので、原著論文に一歩及ばず、短報にすべきだという場合もあるでしょう。実際、サンプルが少ないので短報として発表するというのはよくあることです。

6-7 問わずもがな「これで論文になりますか」

調査を発展させ、よい論文を書くために、他人に相談したり、他人と議論したりするのは大切なことです。しかし、データを見せて「これで論文になりますか」という問いを発しても、あまり意味のある答えは返ってきません。尋ねたい気持ちはわかりますが、原稿になっていないと論文としての価値はわからないからです。

同じデータでも、素晴らしい論文にもなれば、紙くずのような論文にもなるとはよく言われることです。極端なことを言えば、同じデータから原著論文を書くこともできれば、原著論文として成立しない原稿を書いてしまう可能性もあります。データを見ただけでは、尋ねた人がそのデータのどこに重要性を見出し、何がわかったと主張するのか、それをどのような論理でどのような根拠をあげて説明するのかといったことはわかりません。話して説明しても、正確な言葉で厳密に論理を展開し、必要な根拠をあげて説明するわけではないので、理解はあいまいなものになります。原稿を見ないうちはどういう論文になるかほとんどわからないというのが正直な答えになります。たいていのデータが論文になると言えばなる、ならないと言えばならないというものなのです。

注意しなくてはならないのは、「これで論文になりますか」と尋ねた場合、プロの研究者はしばしばそのデータからの最高の原稿を想定して答えることです。データを見るとプロはすぐにおもしろい点に気がつきます。先行

研究にも通じていますから、データから何が科学的に意味のある新知見となり得るかを予想できます。そして、それを論理や表現を整え、わかりやすくまとめた原稿にしたと想定して「これは論文になる」と答えるのです。ですから、尋ねた相手の大先生が「素晴らしいデータです。よい論文になります」と答えたら、頭の中で「最高の原稿に書きあげれば」と補って聞かなくてはなりません。この答えを「必ずよい論文になる」と誤解して、いい加減に原稿を書くと、投稿した後で手厳しい批判を受けることになってしまいます。

6-8 1つの論文では1つのテーマを

ある調査にひと区切りつけて論文にまとめようと思ったら、いろいろなことについてデータが集まっていたというのはよくあることです。それらのデータから複数のことがわかったという場合には、別々の論文に分けて書くようにしましょう。まとめて1つの大論文にするとわかりにくくなります。また、複数のわかったことのうち1つだけに興味がある人も、長い大論文を読まなくてはならなくなってしまいます。さらに、1つの論文の中で、あることがわかったことを前提として次のことがわかるという構造になることがあり、論文の構成として無理が生じます。

例えば、たくさんの鳥の死骸を解剖して消化管内を調べ、食物と寄生虫を調べたとします。この結果を論文にまとめる時は、食性と寄生虫それぞれについて別のものにすべきでしょう。作業は解剖という1つのことでも、わかったことはそれぞれ異なるテーマに関するものだからです。もちろん、食物と寄生虫を関連づけて何かがわかったとしたら、その場合は1つの論文になります。

コサギの論文（山田，1994．日本鳥学会誌 42: 61-75．1-3-1, p. 15）では、採食時の排他的行動をハス田と河川のそれぞれで調べています。しかし、わかったことは「状況によってなわばりを張るかどうかが決まる」という1つのことなので、2つの論文にはなりません。このように、論文で主張する**オリジナリティにつながる新知見が1つであれば1つの論文、2つであれば2つの論文**となります。

あることがわかったというのが前提となって次のことがわかるという場

合には、特に注意が必要です。ある鳥のさえずりをよく聞いてみたらオス1羽ごとに違っており、声だけでどの個体であるかが特定できたとします。そして、その声による違いを利用して、1羽1羽を区別して調査したら、早く渡ってきたオスほど広いなわばりをもっていたとします。

　この場合、さえずりによる個体識別の論文と、なわばり面積と渡来時期に関する論文の2つに分けなくてはなりません。後者のなわばり論文だけにして、その方法の部分で、「1羽1羽のオスはさえずりによって個体識別した」と書くことはできません。一般に鳥のオスがさえずりで確実に区別できるということはないからです。対象種の声は個体ごとに違っていて、調査者が聞けばその違いがわかるということを前もってはっきりさせておかなくてはならないのです。これを1つの論文の中で行うのは無理があります。さえずりによる個体識別が可能なことがわかったという論文を書き、後にそれを方法として用いたなわばりの論文を書けばすっきりとした構成になります。1つの論文の中では、わかったことは1つというのが読者にわかりやすく、引用する人にも便利な方法です。

調査に使った方法が、新知見として1つの論文になることも

7 原著論文の書き方

　ここまで読んだ方は、原著論文にはオリジナリティ、つまり科学的に意味のある新知見が必要なことを理解されたことと思います。「自分のデータからは、あのことがオリジナリティになりそうだ」と考えた方もあるでしょう。では、いよいよ原著論文を書き始めましょう。

　この本の中でも中心的な原著論文の書き方の章です。短報を書く場合はもちろん、記録・報告を書く場合にもあてはまることがあります。ぜひ、注意深く読んで、よい論文原稿を書いていただきたいと思います。

7-1 タイトルのつけ方

　読者が最初に目にするのは、論文のタイトル（表題）です。タイトルは論文の看板と言えます。しっかり考えて、よいタイトルをつけるようにしたいものです。

自然教育園報告(Rept. Inst. Nat. Stu.)
第40号：73-81, 2009.

巣内に設置した温度データロガーによる
ダイトウグイスの繁殖経過の推定*

濱　尾　章　二**

Utility of Temperature Data Loggers to Estimate Nest Fates of
the Japanese Bush Warbler *Cettia diphone restricta*

Shoji Hamao**

図．雑誌に掲載された論文のタイトルの部分．
著者名も含まれている。掲載される体裁の例として，濱尾（2009. 自然教育園報告 (40):73-81）の一部を示す（以下同じ）。

7-1-1 何を調べたのか具体的に示す

タイトルは看板ですから、中身がはっきりとよくわかるものではなくてはなりません。次のようなタイトルでは中身がわからず、看板の用をなしていません。

■悪い例
1 ハシボソガラスとハシブトガラスについて
2 ウグイスのさえずりに関する二、三の知見
3 コサギのなわばりに関する一考察

これらのタイトルからは、何を調べたのか、何がわかったのかがまったくわかりません。中身に即して、例えば次のように改めるとよいでしょう。

□よい例1
1 ハシボソガラスとハシブトガラスの食性の違い
2 ウグイスにおけるさえずり構造の地域変異
3 コサギの採食環境となわばり行動

これで、何を調べたのか、何について知見を得たのかがわかります。しかし、タイトルでは論文の中身についてもっと具体的に触れたいこともあります。論文としてのセールスポイントを強調したいこともあります。ある場所で調査をしたことに意味があったり、最新の方法で精密なデータを得たことを強調したかったりするのならば、それらをタイトルに含めるとよいでしょう。人をひきつける興味深い疑問を扱った論文ならば、それをタイトルに提示してもよいでしょう。最近はインターネットの検索を意識してか、セールスポイントを含めたやや詳しいタイトルが多いようです。

□よい例2　セールスポイントを加えたタイトル
1 山間部におけるハシボソガラスとハシブトガラスの食性の比較：特に生ゴミへの依存度の違いについて
　（調査地の環境を強調し、また、調べたことをより具体的にした）
2 ウグイスにおけるさえずりの地域変異－なぜ島では単純な構造をもつのか
　（論文で扱った疑問が興味深いので、それを加えた）
3 発信器で長期間追跡したコサギの採食環境となわばり行動の変化
　（特別な方法で精密な調査を行ったことを強調した）

タイトルをより具体的にしたり、セールスポイントを含めたりしていくと、長くなりがちです。あまり長いものになる場合は、この例の1、2のようにサブタイトル（副題）を使うとよいでしょう。

7-1-2 データを説明する必要はない

具体的なタイトルがよいと言っても、次のようなものはどうでしょうか。

■悪い例
1 捕獲した各種鳥類の糞から種子が見出された植物の種名及び種ごとの種子数
2 ウグイスのオスのさえずり時間の長さと獲得したメスの数
3 ツバメの巣の下を歩く人の数と巣立ち雛数の相関

実際に何を調べたのかはわかりますが、なぜそれを調べたのか、どういう点で新知見が得られたのかがわかりません。データとして何を集めたのか、何を測ったのかということは、タイトルで必要な情報ではありません。本文を読んでわかればよいことです。タイトルでは、どういうテーマについてオリジナリティのある成果をあげたのかがわかるように書くべきです。上の悪い例を改善した例を示します。**データではなくテーマを伝える**ということを理解していただけると思います。

□よい例
1 鳥種による種子散布の違い：捕獲個体の糞を用いた分析
2 ウグイスのオスのさえずり活動と一夫多妻
3 ツバメの繁殖成功に人の通行が及ぼす影響

7-1-3 地名は普通、必要ない

論文の看板であるタイトルは簡潔明瞭である必要があります。不必要な情報はとり除かなくてはなりません。

■悪い例
1 埼玉県秩父市で調べたスギ人工林と落葉広葉樹林の鳥類群集の違い
2 新潟県妙高高原におけるウグイスの雌雄の渡来時期の違い
3 自然教育園と新宿御苑におけるメジロの営巣環境

このように調査地の地名をつけたタイトルはよく見られます。しかし、

その場所で行った調査であることに特別な意味がある場合を除き、地名は必要ありません。その調査地で調べたことにすぎず、他の場所のことはわからないのだから地名を書くべきだという考えもあるかもしれません。しかし、例えばウグイスの分布する全域で調査できるはずはないのですから、研究はある特定の場所を調査地として行われたに決まっています。その場所は、論文の本文を読めばわかります。目次などでタイトルを見ている人にとって、どこで行われた調査であるかは必要な情報ではありません。地名は書かないようにしましょう。

調査をした地域の特性や環境が、論文のセールスポイントである場合はあります。その場合は、地名ではなく地域の特性や環境を書きます。例えば、分布が広い種について、特に高山での生態を明らかにした場合は「高山における」などと書きます。

□よい例
1 スギ人工林と落葉広葉樹林の鳥類群集の違い
　（地名は不要なので書かない）
2 多雪地におけるウグイスの雌雄の渡来時期の違い
　（調査した地域の特性・環境がセールスポイントである場合）
3 都市緑地におけるメジロの営巣環境
　（調査した地域の特性・環境がセールスポイントである場合）

ただし、原著論文とは異なり、記録・報告ではどこで見たのかが重要な情報となる場合が多くあります。その場合は、地名をタイトルに入れるべきでしょう。

□よい例　記録・報告のタイトル
1 小笠原諸島父島におけるツメナガホオジロの観察
2 埼玉県秋ヶ瀬におけるリュウキュウヨシゴイの記録
3 奄美諸島喜界島におけるメボソムシクイの冬季捕獲記録

7-2 著者の決め方

自分1人のアイデアで調査を始め、1人でデータをまとめ、論文も執筆したという場合、著者はもちろん1人です。そういう論文を単著論文と呼びます。しかし、他の人にも重要な貢献がある場合には、その人も著者

に加え、共著論文としなくてはなりません。

どのような関わり方をした人を共著者とすべきか、すべきではないかについては、一定のルールがあります。それについて説明します。

7-2-1 論文に貢献し、責任をもてる人が著者

著者は、論文作成に実質的な貢献をした人で、しかも発表された内容に責任をもつことができる人でなくてはなりません。

論文作成への貢献とは、野外での調査に参加したことだけを指すのではありません。研究が論文として発表されるまでには、研究テーマ設定のためのアイデア提出、資金の確保、野外調査、室内実験、データ処理、論文執筆などさまざまな作業が必要です。これらのうちのどこかで相応の力を尽くした人が、論文に貢献した人ということになります。

また、著者は発表した内容に責任をもつことができる人でなくてはなりません。責任ということの1つの意味は、科学的な内容についてのものです。**論文に書かれた研究内容を理解していて、質問を受けたら答えられるという人**が著者にならなくてはいけません。研究のある部分では重要な役割を果たしたが、論文全体については関心がなく理解もしていないという人は著者には含めません。

論文の内容に責任をもつということのもう1つの意味は、社会的に責任をとるということです。論文は共著者全員のものですから、例えばプロの研究者であれば共著論文も業績として評価されます。しかし、同時に論文に問題があれば、著者全員が責任を負わなくてはなりません。例えば、必要な許可を得ずに採集をした、データの捏造があった、別の学術雑誌と同じ内容を重複して発表したという場合です（重複投稿については 10-2, p.186 参照）。仮に、当人が知らずにいたとしても、著者に名を連ねた以上、責任がないということはできません。

共著者を書く順序には明確な決まりはありません。その研究への貢献が最も大きく、責任も重い人がいれば、最初に名前を書きます（第一著者、筆頭著者と呼びます）。普通、第一著者が論文を投稿し、編集者とのやりとりをします。また、論文発表後もその論文についての連絡先、窓口になります。共著者が多い場合、2番目以降の順番は著者の間で話し合って決

めれば問題ありません。傾向としては、大学の先生や研究の元締め的役割をした人が最後に書かれていることが多くあります。

　時折、2番目以降の著者が責任著者（corresponding author）とされている場合があります。責任著者とは、主に社会的な意味で一番重い責任を負い、また論文発表後の窓口になる人です。例えば、学生が卒業研究としてまとめたものを、指導した教員が投稿論文として書き直して投稿した場合に、すでに卒業した学生を第一著者とし、2番目以降の著者である教員が責任著者になっている場合があります。

7-2-2 こういう人は著者にしない

　論文を完成するまでの間には、いろいろな人のお世話になります。毎回のように調査を快く手伝ってくれた人や分析方法を詳しく教えてくれた人がいる場合もあります。しかし、それらの人も、単に手伝ったり助言をしたりしただけで、論文の内容に責任をもてないのであれば著者に加えることはできません。その調査や論文に少しでも**関わった人は皆、仲間として著者に入れましょうというわけにはいきません。**

　学生が調査を行い、論文を執筆した場合、指導者の大学教員を著者に加える必要はないのではないかという意見を聞くことがあります。私は、普通、教員は研究に深く関わるので共著者になると考えます。卒業論文の指導をする場合、大学の先生は研究テーマの設定から深く関わり、調査方法の検討や結果のまとめ方でも相談に乗ったり、指導したりしてくれるでしょう。経費を確保してくれる場合もあるでしょう。また、論文原稿を書けば原稿が真っ赤になるほどコメントを書き入れてくれ、議論にも応じてくれるでしょう。これらの尽力なしにはできあがらなかったという論文原稿が完成するはずです。

　したがって、研究への貢献が大きく、もちろん内容にも責任をもちますから、このような場合大学の教員は共著者に含まれてしかるべきだと言えます。もちろん、ここで述べたような研究への貢献がなく、論文の内容に責任をもたないという場合は別です。

　また、アマチュアの研究者がプロの指導を受けたり、共同で研究したりすることもありますが、その場合も研究に実質的貢献をし、また内容に責

任をもつ人は共著者に含めるべきでしょう。調査や論文執筆の作業そのものを行ったかどうかだけが、判断基準ではありません。

論文の著者として団体名を使うのは望ましいことではなく、多くの学術雑誌では認められていません。団体名では責任の所在が不明確になるからです。団体が著者では、その団体の全員が責任をもつのか、一部の人が責任をもつのかがはっきりしません。また、論文に問題が見つかったり、科学的興味から問い合わせをしたい人が現れたりした時に、団体が解散していたり、構成メンバーが変わっていたりしては対応ができません。ただし、団体名での投稿を認めている雑誌や、責任者の氏名が併記されていれば認めるという雑誌もあります。団体名で投稿したい場合には、実際に論文を載せようとする雑誌を調べたり、編集者に問い合わせたりするのがよいでしょう。

7-2-3 共著者との連絡

以上述べてきた著者の決め方は、論文発表のルールとしておおむね認められているところです。例えば、国際医学雑誌編集者委員会[1]は、同様の趣旨を規定として発表しています。しかし、どのくらいの貢献があれば著者に加えてよいのかというのは程度の問題で、必ずしも明解な線引きができるものではありません。

実際に論文を書く時には、著者の候補と考えられる人と連絡をとり、必ず了解をもらってから著者を決めてください。研究に関わった人の中には、著者に加えてほしくはないという人がいるかもしれません。自分は当然、共著者になるはずだと思っている人がいる可能性もあります。プロの研究者は発表論文で業績を評価されますから、共著者を誰にするかということは非常にシビアな問題を含んでいます。また、著者になると社会的にも責任が生じますから、勝手に著者に加えておくなどということをするとトラブルになりかねません。

共著者が決まったら、**投稿原稿は必ずその全員にチェックしてもらい**、投稿後の改訂が必要になった場合も、**全員に了解を得てから改訂稿を提出**

---

[1] : International Committee of Medical Journal Editors, 2008. http://www.icmje.org/

7-3 イントロの書き方

　ここから、本文の書き方について説明します。原著論文の本文は「はじめに」「方法」「結果」「考察」の4つからなります。「はじめに」の部分は「緒言」「序論」などとも呼ばれますし、何も見出しをつけずに書かれることもありさまざまです。そこで、この本では、研究者がよく用いるイントロという言葉を使うことにします。もちろん、イントロダクション（Introduction）を略したものです。

　これから、イントロ・方法・結果・考察の順に、それぞれの部分で書くべきこと、書いてはいけないこと、書く時の注意を説明します。実際に原稿を書く時には、必ずしもこの順のとおりに書き進める必要はありません。自分が書きやすい順で進めればけっこうです。書きやすい方法や結果から書き始めるという人は多くいます。

7-3-1 目的とその意義を示す

　イントロは論文のはしがきですから、これから何を書くのかを説明すればよい部分だと言えます。しかし、論文の中身について、好きなように紹介すればよいわけではありません。研究の目的とその意義を説明するのがイントロの使命です。

　目的とは、何々について調べる、何々について明らかにするという研究の目標です。例えば「東京都内で開放巣を作る鳥と樹洞に巣を作る鳥の繁殖成功率を比べる」というのが目的だとしましょう[2]。この目的を読むと、どういうことを行ったのかはわかりますが、なぜ調べたのかは皆目わかりません。イントロでは、なぜ調べたのかという科学的意義を明らかにしなくてはなりません。調べようとすることが**なぜ興味深いのか、なぜ調べる**

---

　[2]：開放巣とは枝や草などで編んだ椀や皿のような形の巣です。鳥には開放巣を作るものと樹幹の穴に巣を作るものがあります。繁殖成功率とはここでは雛が巣立った巣の割合です。この例は、以下の論文の一部を改変して作りました。
　　植田睦之 (1998) 東京都の緑地における開放巣性小型鳥類の低い繁殖成功率. Strix 16: 67-71.

> はじめに
>
> 鳥類の繁殖試行では，巣内の卵や雛が捕食者に襲われ，巣立ちに至らないことがある (Ricklefs 1969)。鳥類生態の研究では，発見した巣が巣立ちに至ったかあるいは捕食にあって繁殖が失敗に終わったかを確認する必要が生じる。繁殖経過を知ることは個体レベルの繁殖成功度を測る上でも，個体群維持のために次世代がどの程度生産されているかを調べる上でも重要である。しかし，巣の継続的な観察には多くの調査時間や費用が必要となる。鳥類の抱卵・巣内育雛は長期に及ぶからである。例えば，ウグイス *Cettia diphone* では抱卵期は15日間，巣内育雛期は13日間に渡る（濱尾 1997）。発見した巣が巣立ちに至るかどうかを確認するためには，調査地が遠隔地の場合，相当日数宿泊・滞在し観察を続ける必要がある。また，確認のために観察者が何度も巣を訪れることは踏み跡や臭いを残し，捕食者を巣に誘引してしまう可能性もある。無人状態で巣をビデオ撮影する方法もあるが，機材の問題から継続的な録画は数時間から1日が限度である（赤谷 2006）。毎日録画を続けるためには，

図. 雑誌に掲載された論文のイントロの部分.

価値があるのかを読者に理解してもらうのです。これは、その調査でわかったことが科学的にどういう意味をもつのかをはっきりさせておかないと書けないことです。したがって、論文にどのような科学的に意味のある新知見が含まれるのか、すなわち論文のオリジナリティを考えておくことは、イントロを書くために必要不可欠な作業と言えます。

　先ほどの「東京都内で開放巣を作る鳥と樹洞に巣を作る鳥の繁殖成功率を比べる」ことが目的だという例について、それがもつ科学的意義を説明したイントロを示します。

> □**よい例**
> 　（イントロの例は長くなるので、構成のみを箇条書きで示します）
> ・鳥の繁殖は、捕食者に巣を襲われることでしばしば失敗する。
> ・捕食によって繁殖の失敗が増え、個体数が減ってしまった鳥もいる。
> ・東京ではカラスが増えている。カラスは他の鳥の卵や雛を捕食するので、繁殖失敗が多くなっていることが考えられる。
> ・カラスが捕食できない樹洞に営巣する鳥と、捕食できる開放巣の鳥では、後者で繁殖が失敗しやすくなっていると考えられる。このことを明らかにするため、2つの営巣タイプの繁殖成功率を比較する。
>
> 　　　　　　　　　　　　植田（1998, Strix 16: 67-71）を一部改変、要約

　このように述べれば、なぜ2つのタイプの巣で繁殖成功率の比較をするのか、その意義がわかります。実際には、言葉を補ってわかりやすく説明したり、根拠となる文献をあげたりして、もっと長い文章を整えなくては

なりませんが、このような構成がイントロの一例です。この例のように、研究目的の意義を理解してもらうために少しずつ話を進めてゆき、最後に目的を書くというのが一般的な書き方です。

7-3-2 よくある間違い：私的な動機を述べる

イントロでは、なぜそのことを調べたのかを書くということを誤解すると、次の例のようなことになってしまいます。

> ■悪い例
> ・我々は営巣木が不足してしまったフクロウの保護事業として巣箱を設置している。
> ・2000年にはどのような場所の巣箱が利用されやすいかを報告した。
> ・また、2005年には抱卵・育雛行動について報告した。
> ・今回さらに発展させて、巣箱の底に残された食べ残しから雛の餌を明らかにしたので報告する。

この例では、食べ残しから雛の食物を明らかにするという研究の目的がはっきりと述べられています。しかし、なぜそれを調べたのかという研究の意義づけは、まったくなされていません。巣箱をかけていろいろなことを調べてきた、それを発展させるというのは、研究の科学的意義とは関係のないことです。このような個人的な動機は、論文のイントロに書く必要はありません。巣箱内の食べ残しからフクロウの雛の食物を調べることの意義を説明しなくてはなりません。

> □よい例
> ・個体数が減っていると言われるフクロウの保全を図るために、その食性を知ることは大切である。
> ・特に、繁殖に際し雛に与えている食物を明らかにすることは、フクロウが繁殖できる環境を知るために重要だ。
> ・雛が巣立った後、巣箱の底にはたくさんの食べ残しがある。これを調べれば、雛の食物をかなり正確に知ることができる。
> ・そこで、食べ残しを調べることで、雛の餌生物を明らかにする。

このように、調べることの意義を説明することが必要です。

保護事業を行いながら論文を発表しようとしている方の意欲に水を差す

といけないので、急いでつけ加えますと、営巣環境を保全したり、危機に瀕した種を保護したりすることはもちろん必要です。その活動の中で科学的知見が得られた場合に、論文として発表していくのは大切なことです。ここで述べたのは、論文のイントロでは目的とその意義を書かなくてはならない、それだけを書けばよいということです。

7-3-3 よくある間違い：対象種を詳しく紹介する

次のイントロを読んで、どのように感じるでしょうか。

> ■悪い例
> ・ウグイスはウスリー、中国東北部、朝鮮半島から日本にかけて分布している。
> ・日本では5つの亜種が知られている。
> ・ウグイスの繁殖期は4〜8月で、メスはササの葉などで壺型の巣を作り、4〜6卵を産む。
> ・今回、ウグイスがどのような場所に営巣するとホトトギスの托卵を受けやすいかを調査したので報告する。

図鑑などを引用して、調査対象の種を詳しく紹介したイントロもよく見かけるものです。しかし、対象種の分布・分類・形態・生態などを解説するのがイントロの役割ではありません。対象種についての紹介は、研究の目的とその意義を説明するうえで必要なことだけにしなくてはなりません。

この例では、最後に研究の目的は書かれています。ウグイスの営巣環境と托卵の関係を明らかにするということです。しかし、それを調べる理由、科学的意義が説明されていないところが問題です。次の例では、托卵を受ける側の鳥が托卵されにくい場所を選んで営巣するかどうかを知るための基礎的情報として、営巣環境と托卵の関係を明らかにすることに意義があると説明しています。

> □よい例
> ・托卵を受けた鳥は自らの子を残すことができず、大きな損害を被る。
> ・このため一部の鳥では、托卵鳥が産み込んだ卵を巣外に捨てるという対抗手段がある。
> ・他の対抗手段として、托卵鳥に産卵されないよう見つかりにくい場所に

巣を作ることが考えられる。
・このことを明らかにするためには、まず営巣環境と托卵されやすさの関係を知ることが重要だ。
・そこで、ホトトギスに托卵されるウグイスで、どのような場所に営巣すると托卵を受けやすいかを調査したので報告する。

7-3-4 よくある間違い：まだ調べられていないから調べた

まだわかっていないから調査する、まだ調べられていないから研究するというイントロもよく見かけるものです。

■悪い例
・ウグイスの繁殖生態については、羽田・岡部（1970）が巣の観察から、抱卵・育雛の記録を残している。
・さらに、濱尾（1992）はなわばり内のメスの存在様式を含む調査を行い、一夫多妻の婚姻形態を明らかにした。
・しかし、営巣環境と托卵の関係については、まだ調べられていない。
・そこで、ホトトギスに托卵されるウグイスで、どのような場所に営巣すると托卵を受けやすいかを調査したので報告する。
（これを改善したよい例は前の 7-3-3 と同じなので省略）

　この例では、営巣環境と托卵の関係を明らかにする理由を「まだ調べられていない」からと述べています。しかし、まだ調べられていないということは、論文である以上当たり前のことです。原著論文に求められるオリジナリティとは、科学的に意味のある新知見です（6-2, p.96 参照）。新しいのは当然で、科学的に意味のあることでなくては原著論文にする価値があるとは言えません。

　例えば、ウグイスのさえずりの周波数（声の高さ）が雨の日と晴れの日で違うかどうかは調べられていませんが、調べる価値はないでしょう。ウグイスの脚の第1趾（親指）の長さを左右で比較した人はいないでしょうが、調べることに意義があるとは思えません。また、単に種や場所を変えただけの調査で、すでに他種あるいは他の場所でわかっているのと同じ結果を得たとしても、意義を見出すことはできません（6-3, p. 98 参照）。なぜ調べることに意義があるのかを読者に説明するのが、イントロの使命なのです。

つけ加えると、調べることの意義を説明する中で、「まだ調べられていない」という言葉を使うこともいけないと言っているのではありません。例えば、「〇〇という興味深い問題があり、それを解くには××に関する情報が必要だが、それについては『まだ調べられていない』」などと書くことはあります。ここで強調したのは、イントロでなぜ調べるのかを説明する時に、**まだ調べられていないことだけを理由にしてはいけない**ということです。

7-3-5 書く前には構想を練る

イントロは、研究のもつ科学的意義を他人にわかりやすく説明しなくてはならないので、書くのがたいへんな部分です。ただのはしがき、前置きを書けばよいと、安易に筆をおろすことはできません。その研究がなぜ興味深く、重要であるのかを自分の中で明確にし、それを細かい論理と適切な表現で他人に伝えるためには、それなりの考慮が必要です。イントロを書く前には構想を練ることが不可欠です。研究の意義を見出す際の考え方と方法については、オリジナリティに関する部分（6-2〜6-5, p. 96）で説明しました（3-2, 3-3, p. 40でもノウハウを紹介しました）。ここでは、研究の意義をどのように説明したらよいかを考えます。

まず、実際に自分が調査をすることになった動機は忘れてください。イントロでは、なぜその調査を行ったかを書くのだとも言われますが、自分が調査を行うことにした本当の理由を正直に書けばよいというものではありません。その調査にどのような科学的意義があるから行ったのかを書くのです。調査を終えてから、論文を書く時点で作文しなくてはなりません。もちろん、調査の前から科学的に意義のある問題を設定し、それを解き明かすための調査を計画したというのであれば、調査を始めた動機と研究の科学的意義づけは一致するでしょう。しかし、野外観察をベースにした研究では、調査中に予想もしなかったことを見つけたり、調査後グラフを書いてみたらおもしろいことに気づいたりすることの方がよく起こります。したがって、多くの場合、研究の意義は調査を終えてから作文することになります。

作文する時のポイントは、**あるテーマについて今までわかっていることで**

は何が欠けているのかを示すことです。欠けていることが解明されれば、そのテーマについて科学的理解が一歩進むことを読者に理解してもらうようにします。そして、その欠けていることをこれから明らかにするのだと書けば、読者に「意義のあることをやるのだな」とわかってもらえるでしょう。

今までのよい例はそのように書かれています。先の営巣環境と托卵の例（7-3-3, p. 115）でも、托卵への対抗手段として卵排除は知られているが、托卵されにくい場所に営巣する可能性についてはよくわかっていないとし、対托卵行動の1つとして営巣場所選択を解明する重要性を述べています。そして、実際にどういう場所にある巣では托卵されにくいのかをデータで示せば、対托卵行動の理解が一歩進むことを説明しています。

このように書くとずいぶん難しい注文のように思えるかもしれません。「そんな立派な調査はしてないよ」という声も聞こえてきそうです。しかし、テーマが大きなものでなくてもよいのです。一歩理解が進むと言っても、それがほんの少しであってもよいのです。このような話の展開でイントロを書くように構成を考えようという趣旨です。今までの研究で欠けていることといっても、まったく考慮されていなかった大きな穴のようなものでなくてもかまいません。このことがわかれば知識として厚みが出るだろう、そのテーマのおもしろさが増すだろうというようなことでよいのです。今までにも調べた例があるが、大ざっぱな方法であり、新しい方法で正確に調べてみたというのでも意味あることです。

いずれにしても、イントロを書く前によく考え、はっきりさせておくべきことが多いことを理解していただけたと思います。論文でテーマとすること、それについてわかっていること、わかっていないことを調べる重要性、自分が調べたことを明確にしておくことが必要です。そして、それらをどういう言葉で説明するか、どういう論拠をあげるか、どういう順序で書くかということを熟慮しておくのは、イントロを書く前に不可欠なことです。

7-3-6 よりよいイントロにするには：読者に「おかしい」と言わせる

今まで説明したことを心がければ、十分及第点のイントロは書けますが、最後にイントロをよりよいものにするための秘訣を2つ書いておきましょう。これらのことを頭の隅に置いて、うまくできそうな時にはイントロ

の改善に役立てていただきたいと思います。

1つ目の秘訣は、読者に「おかしい」と言わせることです。もちろんイントロを読んでいる途中で**「おかしい」と思わせて注意を引き、後で「なるほど」と言わせるの**が眼目で、読み終わってから「おかしい」と言われたのでは失敗です。イントロの中では、自分の研究の意義を説明するために、今までの研究に欠けていたことを示すことになります。それは言い換えると、今までの研究の問題点を強調するということです。今までに知られている現象や説明では「おかしい」ことがある、それを解明するのだというイントロを目指します。例をあげましょう。

> **□よい例**
> 1 鳥のオスがさえずる理由の1つは、つがい相手のメスをひきつけることだ。
> 2 メスを得た後はメスを誘引する必要がないわけで、実際、オスは一般につがい形成後はさえずりが不活発になる。
> 3 しかし、ウグイスのオスは繁殖期を通じて活発にさえずり続ける。
> 4 ウグイスのオスは次々とメスを獲得して一夫多妻になるのではないか。このことを明らかにするため、オスを継続的に観察し、さえずりの活発さとメス獲得の関係を調べる。

1と2は「なるほど」と、すぐ読者に納得してもらえると思います。それをくつがえして、3でウグイスのオスはメスを得た後も活発にさえずるというと「それはおかしい。なぜだ？」と読者を強い興味をもつのではないでしょうか。そうして、4でその「なぜだ？」の答えを探るのだと言えば、「調べる価値がある！」と研究の意義を理解してもらえるでしょう。

「おかしい」と言わせるためには、科学的に興味深い疑問を提示しなくてはなりません。よい疑問を設定することはすぐれた研究の条件でもあり、いつも簡単にできることではありません。その研究分野でどのようなことがわかっているのかを把握するように努め、またフィールドで出会った現象の解釈を考えることを常に心がけましょう。それがよい疑問を生み出すことにつながります。

7-3-7 よりよいイントロにするには：一般的なテーマに高める

イントロをよりよいものにするもう1つの秘訣は、その論文で扱うテー

マをできるだけ大きな一般的なものにすることです。例えば、ウグイスの巣の近くに高い木があるとホトトギスによる托卵を受けやすいということを見つけたとします。これを「このようにして繁殖失敗が起こることがある」というウグイスの繁殖生態の一報告としてまとめることもできます。しかし、それではウグイスに関心がある人以外には興味をもってもらえず、科学的価値も低いでしょう。ある種の繁殖生態という狭いテーマを扱っただけになってしまうからです。同じ発見であっても、より一般的な鳥類の托卵という習性に関連づけたのが、前の例（7-3-3, p. 115）です。このように対托卵行動というテーマの中で位置づけることができると意義が深いものとなり、多くの人が興味をもつでしょう。

　一般的なテーマに高めるためには、広い分野の書物や論文を読んで、その内容を自分のものにしている必要があります。先の例であれば、ウグイスの論文だけを読むのではなく、托卵に関する本や論文にも通じていないとアイデアがわいてきません。多くの文献をあたることがよりよいイントロを書くために必要です。

　このことは、先に述べた、文献情報だけから論文のオリジナリティを考えない（6-5, p. 100）ということと矛盾するものではありません。前に述べたのは、既存の知識のすき間を探し出して、それを自分の研究の意義にすると、小さなつまらないものになってしまうということです。そうではなく、豊かな知識を下敷きとして自分で考えることで、大きなテーマの中に研究を位置づけることができるのです。いろいろな種・分類群の情報を仕入れ、関係する分野の本を広くあたっていると、フィールドで感じたり、データから考えたりすることが違ってくるものです。

　若気の至りという感じもしますが、私が大学院生の時、研究室の仲間は大いに勉強して、一般的なテーマの中に自分の研究を位置づけようとがんばっていました。進化生物学にあこがれていたので、「ダーウィンを引用してイントロを書くぞ」などと冗談を飛ばしていました。ところが、さすがに指導教官というのはえらいもので、「イントロはアリストテレスから話を起こすくらいでないといかん」と授業で聞いた時はギャフンとなってしまいました。

7-4 方法の書き方

　方法と次の結果は事実を淡々と書いていけばよい、比較的書きやすい部分です。前のイントロでオリジナリティを考えたようなたいへんさはありません。注意点を守って、必要事項を網羅しましょう。

7-4-1 方法を書く基本

　方法の部分では、データを得るためにどのような調査を行ったのかという、文字どおり方法だけを書くのではありません。調査地の場所や環境についても説明します。必要な際は、採集物の室内での処理方法やデータ解析についても説明します。これらの情報をすべて含むのが方法の部分です。

　方法を書く時、わかりやすくするために「調査地」「野外調査」「データ解析」などと内容ごとに小さな見出しをつけることもあります。ただし、その内容、例えばデータ解析について1～2行で書くことができるほどの説明しかないのであれば、小さな見出しをつける必要はないでしょう。

　方法について書く部分で「方法」という見出しをつけずに、「調査地」「調査方法」などという大きな見出しをつけている場合もあります。しかし、私はあまり賛成できません。はじめに・結果・考察と同列に扱われるべきなのは方法であり、その中に調査地や野外調査の説明があるからです。

方　　　法

1. 調査地・対象種

　調査は鹿児島県奄美諸島の喜界島中里地区（北緯28°18′，東経129°55′，標高25m）で2008年5月から6月にかけて行った。対象種であるウグイス（亜種ダイトウウグイス *C. d. restricta*）は野生化した牧草ネピアグラス *Pennisetum purpureum* の草原や林縁のやぶに約0.9なわばり/haの密度で生息していた（濱尾 2008）。

2. 機器による記録と分析

　温度データロガーはサーモクロンGタイプ（KNラボラトリーズ，大阪）を使用した。これは直径17mm，高さ6mmのボタン電池型温度ロガーで、専用のケーブルでパソコンと接続し、測定開始時刻や記録時間間隔の設定とデータの回収を行う（付図2, 3参照）。0.5℃単位で2048回のデータを記録することができる。本調査では20分間隔で温度を記録するように設定した。そのため約28日間の温度記

図．雑誌に掲載された論文の方法の部分．

方法の文は、原則として過去形で書きます。どのようにしてデータを得たのかという過去のことを説明するからです。しかし、どうしても過去形では不自然で、かえっておかしい時は例外的に現在形にします。例えば、図鑑を引用して対象種の一般的な性質を説明したり、仮定や推定が妥当なものであることを説明したりする場合がそうです。調査地の環境を書く時に、環境が現在も変わっていないとわかっている場合も、現在形で書かれることがよくあります。

> □よい例
>   (過去形と現在形に注意)
> 1 調査は〇〇県と△△県の境にある××山（北緯36°56′，東経139°14′）の山麓に方形区を設置して行った。……方形区はオオシラビソ *Abies mariesii* が優占する針葉樹林で、中央に幅約1mの小川が流れていた（「流れている」と書かれることもある）。……
> 2 対象種のコマドリは4〜5月に日本に渡来する（文献）。そこで、渡来当初からのデータを得るため4月1日から5日ごとに方形区内の生息数を調査した。……

7-4-2 再現できるようにきっちりと書く

　読者が次の結果の部分を読んだ時に、それを理解できるように情報を与えるのが方法の使命です。結果を読んだ人が、そこで示されたデータがどのようにして得られたのかと疑問に思うことのないように、必要な情報をすべて提供しなくてはなりません。一般に科学論文では、他の研究者が実験を再現できるように方法を書けと言われます。野外調査の場合、同じ調査を再現しようとする人はいないでしょうが、もし再現しようとしたらできるように書くことが必要です。方法を読みながら再現しようとする人を想像して、その人が「どうやったものかわからない」「この場合はどうするのか？」ということにならないように心がけるとよいでしょう。

　具体的には最低限**「どこで（場所）」「いつ（時）」「どのくらい（回数・頻度）」「どのようにして（方法）」調査を行ったのか**という情報が必要です。それぞれの書き方を説明しましょう。

　「どこで（場所）」については、調査地として方法の冒頭で書くのが一般的です。記録・報告の書き方（5-3-2, p. 82）で述べたように、行政区

画（地名）とともに山・湖であればその名称、そして緯度・経度も書きます。植生などの環境についても簡潔に、必要な範囲で説明します。

「いつ（時）」と「どのくらい（回数・頻度）」はしばしば一緒に書くことになります。

> □**よい例**
> 調査は2006年1月から2009年6月までの間、月に1回行った。それぞれの調査では、6:00から8:00の間、……を記録した。

調査の回数や頻度は、どのくらい精密なデータであるのかを知るうえで重要です。「その期間中、可能な限り頻繁に調査した」「月に最低2回は調査した」などという記述を見ることもあります。しかし、これでは回数や頻度がわかりません。努力や困難の程度を示す必要はありません。何回の調査からデータを得たのかがわかるように「調査期間中1～2日おきに合計13日間調査した」「6ヵ月間、月に2～4回（平均2.3回）調査した」などと書くようにします。

「どのようにして（方法）」調査を行ったのかについては、結果の部分で使うデータがどのような手続きで得られたのかを十分に説明します。結果の中では、威嚇回数、つがい形成日、寄生率、最高周波数などといった言葉を使って、数値や図表が出てきます。その言葉はどのような調査から、どのような計算方法で得られたデータ（数字）を指すのかを明確にしなくてはなりません。

例えば、「さえずり頻度は15～18と高かった」と書いてあったら、さえずり頻度とはどのようにして調べたもので、何を15～18と数えたのかがわかるように、方法で書いておかなくてはなりません。

> □**よい例**
> さえずり活動を記録するため、それぞれのオスのなわばりを日の出から2時間以内（4:30～6:30）に訪れ、5分間連続して観察した。そして、15秒ごとにさえずった場合は1、さえずらなかった場合は0を記録した。さえずり頻度はこれを5分間について合計し、0～20のスコアで表した。さえずり頻度は、調査地でさえずった10個体のオスについてそれぞれ5回測定した。……

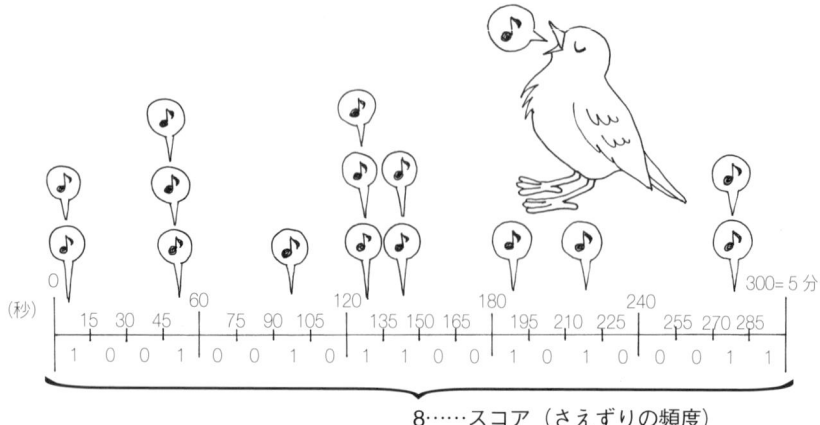

図8……スコア（さえずりの頻度）

7-4-3 仮定やその妥当性も書く

野外観察では、ものさしをあてて測ったように正確な計測値が得られないことも多くあります。どうしても直接観察するのが困難なことについて、他の情報から推定するということもあります。仮定をおいた場合には、それがどういうものなのかを説明する必要があります。また、仮定に疑問がもたれそうな場合には、仮定が妥当であることも説明しなくてはなりません。

□よい例
1 胸高直径30cm以上の落葉樹枯死木を潜在的営巣木とした。これは、本種の巣の93％が落葉樹の枯死木を利用したもので、木の胸高直径が27.5cm以上であった（文献）ことから妥当なものと考えられる。
2 やぶに潜むメスを観察することは困難であったため、生息個体数はさえずっているなわばり所有オス数×2とした。この推定は、本種が一夫一妻であり、なわばりをもたないオスが知られていないこと（文献）から、妥当なものである。

実際の調査では、どうしても理想的に整ったデータは得られないことがあります。そのような場合は、厳密にはデータ収集に問題があることを正直に書きます。そして、調査目的に照らすと、集めたデータでも調べようとしていることはわかることを説明します。現実的には問題のないデータはとるのは不可能なので、手にしたデータで話を進めるほかないのだとい

う説明になる場合もあります。しかし、本当に問題のあるデータである場合には、結果を発表する意味はなく、論文は書けないということになります。

　次の例は、オスの鳥のなわばりの面積を測定したが、正確な値は得られなかったという場合のものです。なわばり面積を測定するには、特定のオスを長時間追跡して観察する必要があります。しかし、どうしても長時間の調査ができない日があったり、オスがさえずりをやめたために見失ってしまったりして、十分な時間のデータが得られないこともあります。そのような場合のデータをも分析に含める方法を工夫し、その妥当性を説明しています。

□**よい例**
　調査地になわばりをかまえた15羽のオスを95〜233分間連続して観察し、1分ごとに位置を地図上に記録した。それぞれのオスについて、位置を示すすべての点を含む凸多角形を描き、なわばりとした。
　正確ななわばり面積を知るには、十分に長い時間の観察が必要になると考えられる。180分以上観察した4個体について観察時間となわばり面積の関係を分析したところ、正確ななわばり面積を知るためには180分間を超える観察が必要だが、120分を超えるとなわばり面積の増加はわずかなものであることがわかった（図）。そこで、120分間以上観察した13羽のオスについて、120分までの位置の記録から各オスのなわばり面積を求め、以下の分析に用いた。

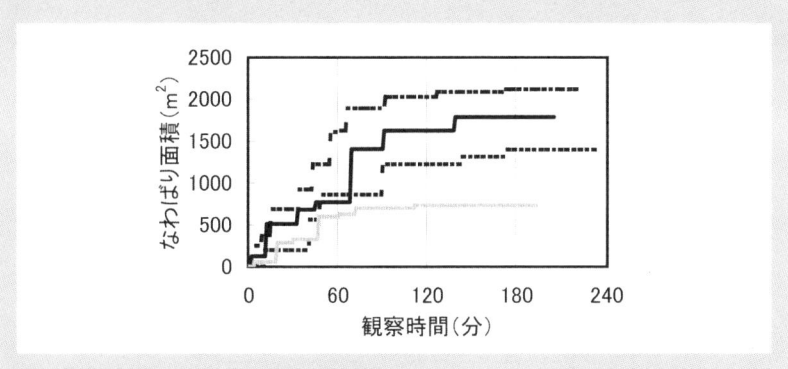

図．観察時間となわばり面積の関係．

　この例のように説明すれば、120分間のデータである程度信頼をおけるなわばり面積が得られることがわかります。例えば、オス間でなわばり面積を比較することが可能であることを読者は納得するでしょう。

7-4-4 平均を出すだけでもその方法を書く

　方法では、野外調査の方法だけではなく、データ解析についても説明します。データ解析というと、難しい統計を使った場合にだけ必要だと思われるかもしれませんが、平均を出すことを含めてあらゆるデータの集計についてのことを指します。「データ解析」として小見出しを立てたり、段落を作ったりしなくてもよいので、読者に不明な点が残らないように必要なことはすべて説明するようにしましょう。

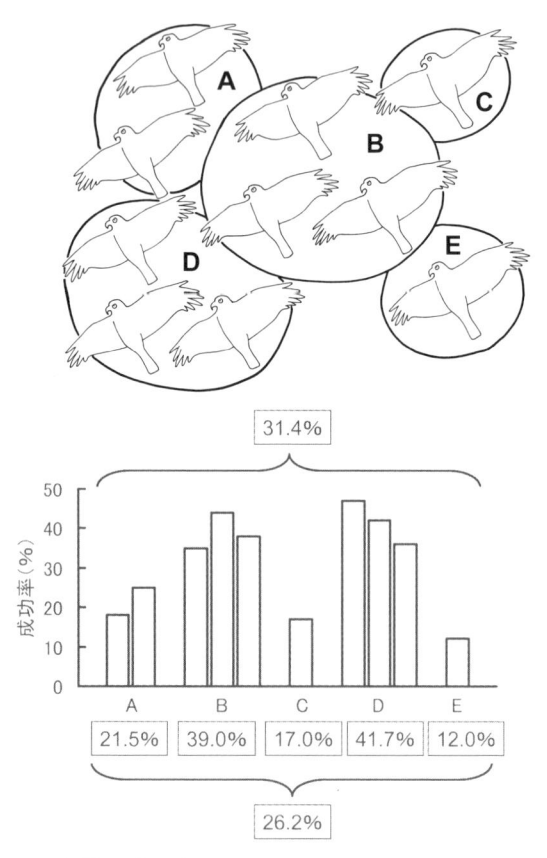

図．2つの平均の出し方．
上は10羽のデータを足して10で割った場合。下はA〜Eの調査地ごとに平均を出した後、それを足して5で割った場合（本文参照）。

例えば、オオタカが獲物を襲う狩りの成功率を示したい場合を考えます。1か所にたくさんのオオタカはいないので、5か所の調査地で合計10羽を観察したとします。そして、それぞれの調査地で観察した個体数が、調査地A（2羽）、B（3羽）、C（1羽）、D（3羽）、E（1羽）であったとします。この観察からオオタカの狩りの成功率は平均何パーセントだと示しても、どのような計算をしたのかわかりません。10羽のそれぞれの成功率（％）を足して10で割ることもできますし、調査地ごとに平均を出しておき、さらに調査地間の平均を出すこともできるからです（左図）。2つの計算の仕方はどちらでもよいというものではなく、論文の論理展開によっていずれかを正しく選ばなくてはならないものです。

平均を出す時だけではありません。月に数回ずつ観察した結果から、各月の出現種数を示す必要があるとしましょう。各回の調査の出現種数から、それぞれの月の平均を出すこともできます（下表の例ならば(6+6+7)÷3 = 6.3）。一方、ある月に見られた種を全部数え上げて出現種数とすることもできます（下表の例ならば9）。このように、複数回のデータをまとめる時には、誰が見ても明らかだという場合以外、何らかの説明が必要です。

表. 4月の出現種数.

	4月3日	4月15日	4月23日
種1	+	+	+
種2	+	+	
種3		+	+
種4	+	+	+
種5	+	+	
種6	+	+	+
種7	+		+
種8			+
種9			+
合計	6	6	7

＋印はその種が観察されたことを示す。

7-4-5 法律や倫理上問題がないことを述べる

研究にあたって、対象とする生物の捕獲や標本の採集、時に飼育などが必要になる場合があります。それらの行為に法律で許可が必要な場合には、もちろん許可を得て行わなくてはなりません。生息数が少ない種や分類群

による指定だけではなく、普通種であっても、地域が指定されていることによって許可が必要な場合もあります。また、県や町指定の天然記念物のように、条例に基づく許可が必要な場合もあります。十分に調べて、法や条例に触れることが絶対にないようにしなくてはなりません。論文では、方法の部分で許可に基づいて行ったことを示します。

もちろん法律や条例をクリアしたからといって、必要以上に動物を殺したり、苦痛を与えたりしてはならないのは当然のことです。また、重すぎる発信器を鳥に装着して行動に影響を与えたり、集団営巣地に不用意に立ち入って繁殖を妨げたりすることもあってはならないことです。

日本鳥学会誌では「動物の取り扱いは動物愛護の精神に則っており、苦痛やストレス、行動・生態への影響を最小限にしたものでなくてはならない」ことを投稿の手引き[*3]の中でうたっています。これは他の分類群でも同様のことです。倫理的原則や規定[*4]に則ったことや、動物の行動・生態に悪影響がないことは、必要に応じて方法の中で明記します。

7-4-6 不要な情報を書かない

論文では、必要な情報が含まれることとともに、不要なことは含まれていないことが求められます。記録・報告の論文では、観察場所を書く際に、環境の説明としてその場所で見られる植物種を羅列したり、その場所で記録された珍しい種を紹介したりしないことを述べました (5-3-2, p. 82)。

原著論文の方法の部分でも、時に調査地や調査対象種について不必要な記述が見られます。例えば、調査地が行政によって価値ある環境だと評価され保全が図られていること、その地域で著者や仲間が活発に保護活動をしたこと、あるいは対象種を長年調査してきて多くの知見を得ていることなどは、研究方法の説明ではありません。興味をもつ人もいるだろうからついでに書いておくというわけにはいきません。保護活動や長年の調査は意義のあることですが、研究内容を理解するために必要ではないのならば、そのような情報は論文に載せられません。調べた結果を理解するために必

[*3]: http://wwwsoc.nii.ac.jp/osj/japanese/iinkai/wabun/JJO_tebiki.html#dobutsu
[*4]: 国際的雑誌や研究機関によっては、指針や原則などではなく規定や規則とされ、厳守することが求められています。

要な情報を読者に与えるのが、方法の使命なのです。

7-5 結果の書き方

　結果は、その調査で得たデータを示す部分です。論文を書く前に「こういうことを発表しよう」と考えた中心部分ですから、どのようなことを示せばよいかは頭の中にあるはずです。以下の注意点を守って、書き進めてください。

7-5-1 事実だけを書く

　結果は調べた事実を書く部分です。自分で調べたことを書くだけですから、文献を引用しての記述はありません。当然、文は過去形です。調べた事実とは、個体数はいくつであった、長さは何ミリメートルであったなどということです。もちろん数字を書くだけではありません。AよりBの方が大きかった、年を経るとともに減少していたなどの傾向も、調べて得た事実です。このような定量的なデータだけではありません。剛毛が生えていた、黄褐色で細い縦斑があったというような事実もあります。

　結果の文章では、自分が得たデータを全部提示する必要はありません。例えば、次のように毎年の数値を全部書く必要はありません。

■悪い例
　個体数は1990年が298、1991年が281、1992年が270、……、2008年が179であった。

結　　果

　回収した温度データロガーをパソコンに接続したところ，いずれも正常に2048回の温度データを記録していた。記録された温度は気温の日変化の影響を受けるため，巣内の温度だけから雛や親鳥の存在を推定することは必ずしも容易ではなかった（図1）。そこで，
　　巣内外の温度差＝（巣外の温度）－（巣内の温度）
の変化を見ることにした。
　育雛中の5月17日に記録を開始した巣1では，巣内外の温度差が6.0～17.5℃（平均±SD＝12.1±2.9，n＝373）と巣内の温度が高い期間が5日間続いた。その後，5月22日16:00頃に急に温度差が小さくなった。温度差が-2.0～2.0℃（0.2±0.5, n＝1666）と小さな状態は記録終了まで続いた（図2）。この巣では5月19日早朝までは，雛が存在したことを確認している。

図．雑誌に掲載された論文の結果の部分．

□よい例
　個体数は 19 年間の平均で 238 であった。1990 年の 298 から 2008 年の 179 にかけて、個体数が減少する傾向があった（図 1）。

　結果には、調査した事実を裏づける意味はありません。「本当に調査をして、確かにデータを得たのだ」と、証拠を示すために書くのではありません。データの捏造やデータ集計時の計算間違いはないという前提で論文は成り立っています。したがって、元のデータをすべて示さなくてもよいわけです。調べた結果がどうであったのかを読者に伝えるため、わかりやすく情報をまとめて書きます。たくさんの数値が得られた場合には、調査結果を適切に要約することが結果を書く際のポイントとなります。

　結果には、しばしば図や表が使われます。図や表は結果をわかりやすく伝えてくれるものです。しかし、図表を見ればわかるからと、本文で結果の説明を省略してはいけません。本文は、それだけを読んでも意味が通じるように書く必要があります。

■悪い例
　図を見ると明らかなように、個体数は年によって変動していた。

□よい例
　生息数は 1960 ～ 90 年には約 2200 個体で一定であったが、1990 年頃から減少傾向を示し、2008 年には 925 個体となっていた（図 2）。

7-5-2 よくある間違い：方法を書いてしまう

　結果の部分では、調べた事実以外を書いてはいけません。次のように、うっかりデータの扱い方について説明してしまうことがあるので、注意しましょう。

■悪い例
　雛を育てる期間にシジュウカラが捕食するチョウ目幼虫の量は、巣箱にしかけたビデオの録画（1 時間）から計算した。1 日の餌運び時間を 14 時間、育雛期間を 15 日間と仮定し、
　　親が運んできた幼虫の個体数 ×14×15
を 1 巣あたりの幼虫捕食量とした。この幼虫捕食量を広葉樹二次林とスギ人

> 工林で比べると、……。

　結果の部分がいくつもの項目に分かれるような、結果で述べる内容が多い論文でよく見かける間違いです。この例のように、データ解析の細かい部分は、結果の部分で説明するとわかりやすいようにも思えます。しかし、結果の部分では調べた事実だけを書き、解析の仕方は方法で書かなくてはなりません。

　これは建て前を通そうというのではありません。解析方法を述べる時には、その中で仮定したことやその妥当性をも説明しなくてはなりません。上の例であれば、なぜ14時間や15日間とするか、それが妥当なのかを説明する必要があります。そのためには、文献の引用も必要です。このような説明は、調べて得た事実を記す結果の部分とは異質のものです。

　先の例では、最後の「幼虫捕食量を広葉樹二次林とスギ人工林で比べると、……」という文だけを結果の部分に残し、それより前の部分はすべて方法の部分に書かなくてはなりません。

7-5-3 よくある間違い：解釈も書いてしまう

　結果の部分で、自分の考えも書いてしまう間違いは、たいへんよく見かけます。

> ■悪い例
> 1　個体数はこの時期から徐々に減少していた。これは人為的に移入されたイタチの影響と思われる。
> 2　さえずりが複雑なオスほど多くのメスとつがいになっており、メスはさえずりの複雑なオスをつがい相手に選んでいた。

　1では、1つ目の文は結果に書いてよい事実ですが、2つ目の文は著者の考えであり、考察の部分で理由を添えて述べるべきものです。結果の解釈を書いてしまった間違いであることを理解していただけると思います。

　それに比べ2は一見問題ない文に思えます。しかし、結果に書くべき事実は、前半だけです。よく読んでみると、後半は著者が考えたことだとわかります。もちろん、「さえずりが複雑なオスほど多くのメスとつがいになって」いたということが、直ちに「メスはさえずりの複雑なオスをつが

さえずりだけでオスを選んでいる？

い相手に選」ぶことを意味するわけではありません。例えば、さえずりが複雑なオスは、オス間競争で有利なため食物が多い質の高いなわばりをもっており、メスは質の高いなわばりに集中していただけ、ということも考えられます。メスがさえずりの複雑なオスをつがい相手に選ぶということは、考察の部分で、そう考えられる理由をつけて説明しなくてはならないことです。

事実と考察を峻別すべきことは、記録・報告の論文についても述べました（5-5, p. 90）。原著論文でも、結果の部分を書く時に注意を払わなくてはならないポイントです。

7-5-4 「結果及び考察」は勧めない

考察の部分で書くべきことを結果の部分に書いてはならないことを強調しました。しかし、そんな苦労をするよりも、「結果及び考察」という見出しにすれば、考察も結果と一緒に書いてよいことになるから楽だという考えがあるかもしれません。事実、「結果及び考察」という見出しを使った論文も、雑誌によっては時折見られます。自分の考えを事実であるかのように書いてしまうのはよくないが、ここは事実、ここは考察とわかるようにして書けばよいだろうと思う方は多いかもしれません。

しかし、私は、結果と考察は別の見出しを立て、分けて書くことをお勧

めします。理由の1つは、「結果及び考察」として書くと、事実と考察が著者の頭の中で分離されにくいからです。その結果、考察を事実であるかのように書いたり、考察か事実かわからない記述をしたりという間違いが起こるのだと思います。前の悪い例（7-5-3, p. 131）を思い出してください。事実と考えたことを峻別するためには、結果と考察を分けた方が書きやすいはずです。

「結果及び考察」という書き方をお勧めしないもう1つの理由は、読み手にとってもわかりにくいからです。事実と、著者の解釈やその根拠が混じっている文章を想像してください。どこまでが結果で、どの部分が考えたことなのかが読み取りにくいのは当然のことです。時折、「結果及び考察」という見出しを使っていても、わかりやすい論文に出会うことがあります。それは、結果の部分と考察の部分がはっきり分かれていて、しばしば別々の段落になっているものです。いっそのこと、結果の部分をまとめて「結果」という見出しをつけ、考察の内容をまとめて「考察」という見出しにしてもらえると、読者にはさらに親切だと思うのです。

「結果及び考察」が使われる理由の1つは、調査で得られた結果の一つひとつに対応させて、そのような結果が得られた理由や先行研究との比較を書きやすいからだろうと思います。しかし、考察は、個々の結果について、それが得られた理由や他との比較を書けばよいという部分ではありません。考察の部分で何を書くべきかは、次節（7-6）で説明します。

7-6 考察の書き方

考察は、イントロとともに書くのに苦労する部分です。学校の理科の授業では、考察は思ったことや考えたことを書く部分だと教わりますが、実際に実験レポートを作成する時に何を書けばよいのか困ったという経験がある方は多いと思います。論文原稿でも、考察はイントロ以上に、何を書く部分であるのかが理解されていないように感じます。考察で書くべきことを考えてみましょう。

7-6-1 結果の感想を綴るのではない

簡単に言えば、結果から何がわかるのかを明らかにするのが考察の部分

> **考　察**
>
> 　温度データロガーを設置した巣では，そのいずれでも巣外よりも巣内の温度が高い期間が続いた後，突然，巣内温度が下がり巣内外の温度差がなくなる日が訪れていた。育雛期にロガーを設置した巣1では，巣立ち予定日の5月17日に急に巣内温度が低下していた。巣立ちが起きたものと考えられる。抱卵期にロガーを設置した巣2では，早朝，手に触れた卵が暖かったことから抱卵が続いていると考えられた5月19日の昼に巣内温度が急激に低下した。卵の捕食が起こり，抱卵が中止されたものと考えられる。初卵産下日にロガーを設置した巣6では，その2日後から安定的に巣内温度が高い状態が続いた。抱卵が始まったものと考えられる。産卵を完了した日に抱卵が始まる（羽田・岡部 1970）とすると，この巣では3卵が産下されたことになる。その後，ふ化予定日にあたる6月5日未明に急に巣内温度が低下し，巣内外の温度差はなくなった。この時点で卵（あるいは雛）の捕食が起こり，繁殖試行が中止されたのであろう。

図．雑誌に掲載された論文の考察の部分．

です。単に結果について著者が思ったことや考えたことを綴ればよいという部分ではありません。将来，論文が引用される時には，結果の部分だけが取り上げられるのではありません。考察の部分で著者が書いたことも，「○○だということが明らかにされている」などと引用されます。考察は論文の一部ですから，科学的にこういうことがわかったのだと，ある程度確実に言えることでないと書いてはならないのです。

> **■悪い例**
> 　（根拠をつけずに以下のような記述をしてはいけません）
> 1　オスの方がメスよりも大きかったのは，食物をとるうえで有利なためだと思われる。
> 2　本種の個体数の減少は，地球温暖化によるものかもしれない。

　これらの例では，著者の感想が言い放つように書かれているだけです。著者が「思われる」と書いても，「あなたはそう思うのですか。私は違いますがね」と言われてしまいます。このように，単に自分の考えを書いただけでは，科学的に何かがわかったことにはなりません。著者が**どう思ったかを綴るだけでは，論文の考察にはならない**のです。

　自分の得た結果をすでに行われた同様の調査結果と比較し，その違いがなぜ生じたかについて感想を述べただけという考察もしばしば見かけます。

■悪い例
（先行研究と比較しただけ）
　クロジの糞からは昆虫類が見出された。山田 (2000) によるとクロジは昆虫を食べていないが、本研究の調査地は暖かく昆虫が多かったので捕食したのだろう。アオジの糞からはイイギリの種子が見出された。山田 (2000) はアオジを種子食だとしているが、消化されない種子が散布されることもあるのかもしれない。ヒヨドリは液果を食べていた。これは山田 (2000) の結果と同じである。ツグミは……

　先行研究の結果と比較するのは必要なことですが、単にそれだけを綴っても考察にはなりません。また、先行研究との違いが生じた場合、単に自分なりに考えた理由を書き添えるだけではいけません。先行研究との比較は、結果が得られた理由や研究の位置づけを明らかにする中で行い、違いが生じた原因は慎重に、根拠とともに説明していきます。

　これまでの例のように、短い記述だけが問題なのではありません。調査で得られた結果を離れて、自分の考えを長い文章で綴ってしまうのもいけません。原稿の考察を他人に見てもらうと「この段落、speculation[*5]！削除」などとコメントをもらうことがあります。そういう部分では、しばしば仮定に仮定を重ねて話を作ってしまっています。例えば「地球温暖化のためかもしれない」などと書いていながら、その後で「地球温暖化のためだとすると……」などと、あたかもそれが正当な仮定であるかのように話を発展させてしまっていることがあります。ひどい場合は「地球温暖化のためであるのだから……」と、いつの間にか「かもしれない」が変身していることもあります。結果からわかることを離れたお話＝speculation を書いてしまわないように注意しましょう。

　考察では、根拠のある「考えたこと」を、根拠とともに示さなくてはなりません。科学的にわかったと言えることを導く根拠は、結果と文献、そして論理です。したがって、考察の部分では、結果から言えることを抽出し、文献情報も合わせて、わかったと言えることを説明します。その際には、きちんと筋道の通った理屈、つまり論理性がなくてはなりません。話

＊5：speculation：空論、推測

が飛んでいたり、いい加減な前提を使ったりしていてはいけないということです。

7-6-2 考察で書くべきこと

考察で書くべきことは、次の3つにまとめられます。

> ・得られた結果を検討する（必要な場合）
> ・なぜそういう結果になったのかを説明する
> ・論文のテーマの中で、結果からわかったことを位置づける

必ずこの3つを別々の段落にして書かなくてはならないというわけではありません。ある程度混じりながら話が展開することもあります。しかし、書くべきポイントとしてこの3つを意識すると、よい考察が書きやすくなります。

○結果を検討する

結果がシンプルなもので、特に検討を要しないという場合もあります。すでに確立されている方法で個体数を調べ、明らかな減少が見られたというような場合です。しかし、複数の結果から1つのことがわかったり、方法が完璧なものではなかったりすることもあります。そのような場合は、**どういう結果が得られたと言えるのか、言ってよいのかを考察の最初で吟味する**ことが必要です。

例をあげて説明しましょう。とりあげるのは、「ヨシゴイはなぜ集団で繁殖するのか：巣場所選びと繁殖成功」（上田, 1996. Strix 14: 55-63) という論文です。この論文では、水辺の草に巣を作って繁殖する夏鳥のヨシゴイが集団で営巣する一方で、一部のつがいは単独で営巣する理由を探っています。この論文の考察は以下のように始まります。

> **例　結果の検討**
> 　　（イントロ同様、考察の例も構成のみを箇条書きで示します）
> ・巣のある場所の水深が深いと巣が捕食されにくいという結果が得られた。
> ・この原因として、水深が深いところは浅いところと生えている植物が

> 違うから、捕食されにくかったという可能性も考えられる。
> ・しかし、巣の高さや天蓋（巣の上に作られる覆い）の有無は捕食と関係が見られなかったので、植物の違いが重要なわけではないだろう。
> ・したがって、水深自体が捕食の起こりやすさに影響していると考えられる。
>
> 　　　　　　　　　　　　　　上田（1996, Strix 14: 55-63）を一部改変、要約

　著者は、「水深が深いと巣が捕食されにくいという結果が得られた」に続けて、直ちに「これは地上性捕食者が近づけないからであろう」などと議論を進めてはいません。例のように、本当に水深が深いということが原因となって、捕食されにくいという結果になったのかということを検討しなくてはなりません。なぜなら、水深が深い場所に潜む別の要因、例えばある植物が生えていることが、捕食されにくさと関係しているかもしれないからです。この検討を経ることで、どういう結果が得られたのかが明確になり、以降の考察も説得力をもつことになります。

○理由を説明する

　なぜそういう結果が得られたのかという理由は、きちんと説明しなくてはなりません。先のヨシゴイの論文の例で続けましょう。

> **例　結果の理由**
> ・北米でも、水深が深いと鳥の巣が襲われにくいということがわかっている（文献）。
> ・調査地では、水位が下がって水深が急に浅くなったことがあったが、その時に捕食率が上がった。
> ・水深が深いはずの沼でも捕食が起こることがあるが、それは岸近くの水深が浅いところだとわかっている（文献）。
> ・これらのことから、水深が深い、岸から離れた巣へは捕食者が到達しにくいのであろう。
>
> 　　　　　　　　　　　　　　上田（1996, Strix 14: 55-63）を一部改変、要約

　ここではまず、先行研究を紹介しています。自分が得た結果について、過去にはどういうことが明らかにされているのかを示すのは必要なことです。もし、先行研究とは異なる結果が得られたのであれば、その理由をよく考えて書きます。結果が異なることに重要性がある可能性も高いのです。
　例では、水深が深いと捕食されにくいという結果が得られた理由として、

水深が深いところには捕食者が接近しにくいということを主張しています。その際、著者自身の観察や先行研究（文献）をあげて説明しています。このように、根拠をあげて自分の考えをが正しいと考えられることを示していくことが重要です。根拠をあげずに「〇〇だと思われる」と書くと、7-6-1, p. 133 で注意したように単なる感想になってしまいます。

　どのようなものが根拠になるのかを整理します。まず、自分の考えを支持する研究の文献があれば、それが一番強力な根拠です。文献に書かれていることは、すでにわかっている確かなこととして引用します。自分が偶然目にしたことは、あまり強力な根拠となりません。そういう事例があるというだけで、十分なデータの裏づけがないからです。もし、定量的なデータ、例えば毎年水深が浅くなる時期に巣の捕食が増えるというデータをもっていれば、それを結果の部分に掲げ、考察に用いるようにすればよいわけです。

　ヨシゴイの論文の例にはありませんが、他人から聞いたこと（私信）も根拠としてあげられます。しかし、人の話は必ずしも確実なこととは言えませんし、論文の読者が元の情報を参照できないので、弱い根拠として扱わざるを得ません。自分の考えを説明する時の主要な根拠に使うことはできません。

　考察の部分に、**なぜそういう結果が得られたのかを書く**ことは、多くの原稿で行われています。しかし、根拠が薄弱で説得力のない記述もよく見られます。ここで述べたように、なるべく**複数の根拠をあげて、できるだけ確実なことを書く**ように心がけてください。なお、論文の中にいくつかの結果がある場合には、それぞれについて、結果が得られた理由を説明していくことになります。

〇結果の意義を示す

　考察の部分では、得られた結果の科学的意義を明らかにしなくてはなりません。得られた結果やそれからわかったことは、なぜ科学的に意味があるのかを説明するのです。このことは、初学者の論文の考察で最も抜け落ちてしまいがちなポイントです。

　ヨシゴイ論文の例で説明します。少し長くなりますが、重要なところな

ので、よく理解していただきたいと思います。著者はこの部分で、集団営巣と単独営巣の両方が起こる理由を、自分が得た知見から説明しています。

例　結果の意義

①既存の仮説では説明できないという説明
・集団営巣が見られた沼は水深が深く、捕食が起こりにくい好適な営巣場所と言える。
・では、なぜ単独での営巣も行われるのか。
・集団営巣の理由は、好適な営巣場所が不足しているからだと言われている（文献）。
・それが正しいのであれば、単独営巣地も集団営巣地と同じく好適な営巣場所であると言うことになる（ただ狭かっただけ）。しかし、単独営巣地は水深が浅く、捕食が起こりやすかった。
・危険な場所で単独営巣する理由を他に求める必要がある。

②著者の考え1
・考えられることの1つは、水深が浅いところは大雨でも水没しにくいという利点があることだ。
・繁殖期の間に台風のため集団営巣の場所が水没したことがあった。単独営巣の場所はそういうことはない。
・海外では、ヨシゴイが増水の時期を避けて繁殖するということも知られている（文献）。
・捕食回避か水没回避かという選択の中で、単独営巣が存続している可能性がある。

③著者の考え2
・もう1つ考えられることは、社会的な要因だ。
・ヨシゴイの巣の間はけっこう離れている（文献）。
・調査中、オス間の排他的行動を観察したことがあった。
・早い時期には、巣は水深が深いところに作られるが、遅くなると周辺に作られることも観察している。
・遅い時期に到着した個体は、好適な営巣場所から排除されている可能性がある。

上田（1996, Strix 14: 55-63）を一部改変、要約

　この位置づけの部分は、3つの段落からなっています。いずれも、結果が得られた直接の理由を述べているわけではありません（それは前に述べてあります）。得られた結果によって、ヨシゴイの集団営巣について新た

に言えるようになったのはどういうことかを説明しています。論文のテーマについて、どのように理解が深められたのかを述べています。考察ではこういうことも、否、こういうことをこそ書かなくてはならないのです。

　この研究のテーマは、タイトルにある「ヨシゴイはなぜ集団で繁殖するのか」とともに、なぜ単独で繁殖する個体もいるのかということです（このことは、ヨシゴイを知ることになるだけではなく、鳥の巣の分散様式という大きなテーマについての理解を深めるものです）。最初の段落（①）では、得られた結果が既存の考え（仮説）では説明できないことを示し、新たな問題を提起しています。2つ目（②）と3つ目（③）の段落では、その新たな疑問への答えとして可能性のあることを述べています。もちろん、単に思いついたということではなく、文献にある情報や自分の調査地での観察事例を根拠にして、可能性が十分あることを説明しています。

　この部分を読むと、研究の位置づけがよくわかります。水深が捕食を左右する要因であるとわかったことによって、単独営巣の理由が考えられるようになってくる、つまり研究テーマについて理解が進むことが読みとれます。考察が、結果の得られた理由（なぜ水深が深いと捕食されにくいか）を述べただけで終わっていたら、おもしろくない論文になったかもしれません。**研究のテーマ、取り組んだ問題に結びつけて、結果からわかったことがその問題の理解をどのように進めるのかを説明する**ことが、よい考察を書くことにつながります。

7-6-3 今後の課題や保全への提言は簡潔に

　ここまで、考察で書かなくてはならないことを説明してきました。一方、逆に、考察であまり長々と書かない方がよいこともあります。

　その1つは、今後に残された課題です。もちろん、考察の最後に、そのテーマについて残された問題やそれをどのように解いていくかについて付記するのはよいことです。先のヨシゴイ論文でも、考察の最後では、今後は1羽1羽標識をつけ個体識別をして社会的関係を調べていかなくてはならないことが書かれています。しかし、今後の課題は簡潔に書かなくてはなりません。長々と書いてあると論文ではなくなってしまいます。結果からわかったこととは関係のない主張になってしまうからです。読者は、

その研究テーマについて論文の著者ほど熱い思いをもってはいません。結果から言えることを離れた著者の主張を延々と聞かされるのは歓迎しないのです。

簡潔に書くべきことのもう1つは、保全への提言です。多少なりとも保全に関わる研究は多くあります。論文のテーマとしていなくても、野外調査の結果は保全に役立つことがあります。したがって、論文の最後に保全への提言を付記するのはけっこうなことです。事実、保全への提言を含む考察はよく見かけるものです。しかし、これも長々と書くと、結果を離れたものとなり、論文にふさわしくない文章となってしまいます。たとえ保全のために調べたという研究であっても、研究自体は科学であり、論文は科学的知見を発表する場です。保全に関する主張や考えは、論文以外の場で展開するのが適切でしょう。

繰り返しになりますが、考察は何でも思ったこと、考えたことを書けばよいという部分ではありません。**結果からわかったこと、後から引用されてもよいこと**を書くのが、考察の部分です。

7-6-4 よくある間違い：結果にないデータを出してくる

考察の書き方に関して、よく見かける間違いは、結果にないデータを出してくることです。自分の考えを説明する時に、調査中などに観察した事例を主張の弱い根拠としてあげることはあります。ヨシゴイ論文の例でも、台風の時に営巣場所が水没したことや、オスが排他的な行動をとったことをあげて、説明を強化しています。しかし、仮に、毎年水深が浅くなる時期には巣の捕食が増えるという定量的なデータがあるのならば、結果の部分で書いておかなくてはなりません。捕食率の季節変化3年分のグラフなどが考察の部分に出てきたら、おかしなものでしょう。強い根拠となるデータ、図で示すことができるような定量的データを考察で突然出してくるのは、いわば反則です。

その理由は、データは結果の部分で示すのがルールだという建て前だけではありません。考察の部分で「実は、密度はA区で2.2、B区で3.9だったので、……」などと結果にないデータが出てきたら、読者は「どの

時期にどのようにして調べた密度なんだ？」と混乱してしまうでしょう。結果で示されるデータはどのようにして集め、解析されたのかが、方法の部分で説明されています。どのようにして調べたのかがわからない結果まがいのものを考察で持ち出すのは、やはり論文の構成上できないことだと言えます。考察で新たに示す観察事実は、あくまで「そういうこともあった」という事例とし、弱い論拠としても使うにとどめなくてはなりません。

7-6-5 よりよい考察にするには：イントロに対応させる

　イントロでは、調べることの科学的意義を書いたはずです。最後の考察の部分では、それと対応させて、どういう意義のあることを明らかにしたのかを書くべきでしょう。イントロと対応させるのが、考察で結果からわかったことの位置づけを書くコツです。

　考察では、個々の結果が得られた理由に終始してしまい、研究の科学的意義を書けないことがよくあります。考察で書くべき３つのこと（7-6-2, p. 136）のうち最後の「位置づけ」は、慣れないうちは書きにくいものです。しかし、イントロを思い出してみると書きやすくなります。イントロでは、調べようとすることはなぜ調べる価値があるのかを説明したはずです。また、調べることは、その論文で扱う研究テーマの中でどういう重要性があるのかを説明したはずです。それに照らしてみると、結果からわかったことは今まで欠けていたどういう情報をもたらしたのか、そのテーマについて理解するうえでどういう貢献をしたのかを書くことは難しくないはずです。

　研究のテーマをなるべく大きなもの、一般的なものにすることは、イントロの努力目標でした（7-3-7, p. 119）。実際には、小さなテーマで論文を書くこともあります。得られた結果は、そのテーマについて理解をほんの少ししか進めないこともあります。しかし、それでも原著論文（及ばなければ短報）とするだけのオリジナリティがあるから、論文を書いているはずです。**イントロで掲げた研究の意義に対応させて、最後を締めくくる**のが筋と言えます。

　もちろん、調べたことのテーマへの貢献が小さければ、結果からわかったことの位置づけに関する考察の記述は短いものになるでしょう。それで

もかまいません。長いものである必要はありませんが、イントロと対応させて研究の意義をまとめてください。

7-6-6 よりよい考察にするには：異なる考えも検討する

「考察で何を書いたらよいかわからない」「もっと説得力のある考察を書きたい」と困った時は、自分とは異なる考えの人を思い浮かべてみることをお勧めします。私は英語論文で見かける"One might think that ……"（……と思う人があるかもしれない）という表現を思い出すようにしています。考察の中に、自分の主張とは異なる考えをあえてもち出し、それでは説明できないことをしっかりと書くのです。

「あえて」もち出すなどと書きましたが、自分と異なる考えをとりあげて検討するのは、単なる書くうえのテクニックではなく、本当は重要なことです。ある結果が得られた理由についてはいくつかの原因が考えられるのが普通です。論文を書いている著者はいろいろなデータをグラフにして考えたり、文献にもあたったりしていますから、自分の説明に間違いはないと思ってしまいがちです。フィールドでのひらめきから確信しているという人もいるかもしれません。自分の考え以外の可能性があるなどということは、想像すらしないこともあります。

しかし、第三者には別の考えも浮かぶものです。他人が読むと「他の可能性もあるのに、なぜそれを書いていないのだろう？」「自分の考えだけを独断的に言い切っておかしな考察だ」ということになってしまいます。考えられる可能性はきちんと取り上げ、検討するのが、真理に接近しようとする時のあるべき態度と言えるでしょう。

先に例にあげたヨシゴイの論文でも、水深が深いほど捕食されにくいことを検討する際に、異なる考えがあることを紹介しています。つまり、水深の深いところでは生えている植物が違っていて、捕食に影響するのは水深自体ではなく植物種だという考えがあることを述べています。そして、巣の高さなど植物に関わるデータは捕食と関係がなかったので、植物は重要ではないのだとその考えを否定しています。このように書くことで、読者に「なるほど。確かに水深そのものが捕食に影響しているのだな」と納得してもらえます。

このように、**自分にはそう思えないというような考えもとり上げ、その考えでは説明できないことを示す**と、自分の主張が説得力をもってきます。考察がわかりやすいものになってきます。逆に、自分の考えだけを強い調子で述べると、説得力は失われ、わかりにくい考察になってしまいます。他の可能性もきちんととり上げ、検討して否定しましょう。

もし、否定できなかったら？　その時は、その可能性もあるわけです。したがって、自分が正しいと思う説明とともに採用し、両論併記の形にします。根拠がないのに否定することはできないからです。可能な説明が複数あるのならば、それらをきちんと示してあるのもわかりやすく、よい考察です。

7-7 謝辞の書き方

著者が感謝の気持ちを述べる謝辞の部分について、書き方のルールがあるというとおかしなものですが、慣習はあります。不自然な謝辞を見かけることもあります。いくつか注意点を述べてみましょう。

7-7-1 どういうお世話になったのかを具体的に

謝辞に名前をあげる人は、その論文で扱った研究で直接お世話になった人にしましょう。「研究のきっかけを与えてくださった〇〇教授」「日頃、励ましをいただいている△△先生」などは適当ではありません。「現地調査を手伝っていただいた」「データを入力していただいた」「未発表資料を貸してくださった」などと援助の内容を具体的に書いて、名前（氏名）をあげ感謝を述べます。

「施設内への立ち入りを許可していただいた××管理事務所」などと個人名ではなく組織への謝辞もあります。また、編集者や査読者のコメントがありがたいと思ったら、その人たちにも謝辞を書きます。「原稿の改訂に役立つ有益なコメントをいただいた匿名査読者に感謝します」などと、改訂原稿を提出する際に書き加えればよいでしょう（投稿時には書けませんから）。

また、名前の後ろにつける敬称で失礼をしてしまわないように注意しましょう。博士号もつ複数の人の名前をあげる時に、ある人には「博士」、

別の人には「氏」などと不統一があると、気を悪くする人がいるかもしれません。「教授」「博士」「氏」「さん」などの使い分けには注意してください。どうしなければならないと基準はありませんが、相手の人を思い浮かべて、失礼のないように決めてください。

　援助の程度にもよりますが、謝辞に名前をあげてほしくないという人もいます。謝辞に名前をあげる前に、必ず全員に断る必要はないと思いますが、あらかじめ了解をとっておいた方がよい場合もあります。私は「この人は謝辞に名前をあげて、論文の別刷りを送ったら喜んでくれる」とわかる時以外は、投稿前に「謝辞に名前をあげさせていただきます」と連絡するよう心がけています。「この程度の援助は研究者として当たり前。謝辞は不要」という返事を受け取ったこともあります。相手の意向を尊重すべきです。

7-7-2 謝辞の形式

　謝辞を書くには、考察の部分に続いて「謝辞」という見出しを立てるのが一般的です。しかし、雑誌によっては見出しをつけず、考察の最後に続けて謝辞が印刷される場合もあります。この場合、考察よりも小さい活字にしたり、考察との間を1行空けたりすることが多いようです。見出しはつけないものの「謝辞」という部分があるとも言えます。また、論文の後ろにつけるのではなく、感謝の言葉はイントロで簡潔に書くように求める雑誌もあります。イントロの最後に行を改めて、「稿を進めるに先立ち、標本測定を許可してくださった国立科学博物館○○○○研究員に感謝します」などと簡潔に書きます。

　謝辞では、どのような研究費を使ったかを書くことがあります。これは、感謝の気持ちとともに、研究費であげた成果を明らかにするという意味があります。また、共著論文の場合、各著者の仕事分担を書くこともあります。現地調査、データ解析、論文執筆などに各著者がどのように関わったかということです。これは必ず書かなくてはならないというものではありません。プロ研究者の業績評価の際に、参考にされる可能性はあるでしょう。研究費や著者間の分担は謝辞に書くのが一般的ですが、雑誌によっては論文の最初のページに脚注として印刷するものもあります。

7-8 要旨の書き方

「要旨」は短い文章で論文の内容を表す概要の部分です。「要約」や「摘要」「抄録」と呼ぶ雑誌もあります。印刷の形式や長さは雑誌によってややまちまちですが、一般的なルールと書き方のポイントを説明します。

7-8-1 得られた知見がわかるようにまとめる

要旨と要約で書くべきことが異なるという意見もありますが、ここでは深く考えないことにします。なぜなら、どちらの言葉で呼ばれているかよりも、雑誌による形式の違いの方が明らかに大きいからです。自分が投稿する雑誌が、どういう形式で載せているかに従って書くのが現実的です。ここでは要旨と呼んで説明します。

要旨では、その研究で得た知見やその重要性がわかるようにまとめるというのが一般的な考えです。日本鳥学会誌の投稿の手引き[*6]には、要旨(英文)の書き方として「その論文の重要な知見や論点を解説するものであり、方法や結果の詳細な点を記述するものではない」と書かれています。

つまり、**データをあげるよりも、どういうことがわかったのかを伝える**ように書くことが求められています。これは、他の雑誌でも共通するものと思われます。これに従うと、イントロ・方法・結果・考察の部分それぞれを短くして、つなぎ合わせれば要旨になるというわけではないことになります。

一般に、方法については、調査地の場所と調査を行った時期くらいしか要旨には書きません。もちろん、正確に測定するために新しい方法を使っているのがセールスポイントである場合などは、どういう方法であるかを強調する場合もあります。結果についても、特に重要である場合以外、数値は出さず、考察につながる重要な発見だけを書きます。最初と最後にそれぞれイントロと考察の話の流れがわかる程度の文をつけて、全体を簡潔な文章にまとめます。もちろん書く順番は、ここで述べたようにする必要はありません。

＊6：http://wwwsoc.nii.ac.jp/osj/japanese/iinkai/wabun/JJO_tebiki.html#gencho

7-8 要旨の書き方　147

> ### 要　　約
>
> 鹿児島県奄美諸島の喜界島でダイトウウグイス *Cettia diphone restricta* の巣に温度データロガーを設置し、巣立ちや捕食を推定できるかどうかを検討した。巣内に卵・雛が存在するのを確認してロガーを設置した場合、巣内外の温度差が大きな期間が続いた後、突然温度差がなくなる時期が訪れていた。変化は明瞭なものであり、その時期に雛や抱卵中の親鳥が存在しなくなったものと考えられた。開放型の巣で産座の下にロガーを設置可能な場合、ボタン電池型のロガーで巣立ちや捕食を推定できると考えられた。また抱卵中のメスの出入巣のビデオ記録と照合したところ、少なくとも20分ごとの温度記録はメスの行動と明らかな関係は見られず、ロガーの記録から抱卵行動を推定することはできなかった。

図．雑誌に掲載された論文の要旨の部分．
この雑誌では「要約」と呼んでいる。

7-8-2 重要ポイントを短くまとめる

　箇条書きにまとめたり、途中で改行が入ったりしている要旨も雑誌によっては見られますが、一般的には改行なしで短い文章として綴ります。長さは、多くの雑誌で規定がありませんが、日本植物分類学会誌『分類』や兵庫県立人と自然の博物館紀要『人と自然』の投稿規定では、400字以内とされています[7]。読み手の立場に立つと、急いで論文の中身を知りたいという時に要旨を読むのですから、短く、重要ポイントだけが書かれているものが歓迎されるでしょう。書いてみると400字以内というのはなかなか厳しい制限ですが、投稿規定などに長さの制限が示されていない雑誌でも、400字以内を目標に要旨をまとめるようにお勧めします。

　要旨を書くのは、イントロから考察までを書きあげてからにした方がよいでしょう。要点を書くのだからと一番初めに書いておくのは、不効率です。本文を書いているうちに言葉の使い方や論理展開が変わってきて、要旨を書き直す羽目になることが多いからです。本文を書きあげてあれば、あちらこちらから重要な文や語句を拾い集める形で要旨を作っていくことができます。しかし、パソコンでコピーアンドペーストを使うように、切り貼りの作業をするだけではよい要旨はできません。方法と結果を合わせ

---

[7]：投稿規定は改定されることがあるので、これらの雑誌に投稿する方も最新のものを確認してください。

た文を作ったり、考察の文章表現を変えたりして、流れのよい要旨に整えることが必要です。

8 図表の使い方

図や表は論文につきものです。しかし、わかりにくい図表に出会って困惑した経験をもつ方は多いと思います。ここでは、図表を使うかどうかの判断の仕方から始め、わかりやすい図の作り方、図表の体裁の整え方までを説明します。

8-1 主要な結果は図で示す

図の利点は何と言っても、見ればパッとよくわかることです。次の図を見ると、緑地面積が広いほど観察種数が多くなっていることがよくわかります。また、約20haより広い緑地では種数が頭打ちになることや、それぞれの点はある程度ばらつきがあり、線の上にきれいに並んでいるわけではないこともわかります。これらのことを図ではなく文章で説明しようとしたらとてもたいへんですし、読んだ人にもわかりにくいことこのうえないでしょう。また、同じデータを表（次ページ）にしたとしても、図からわかったような緑地面積と種数の関係はなかなか見えてきません。

以上のように、図は見ればよくわかるというのが特徴です。したがって、論文のメインとなる結果は図で示しましょう。最も読者に見てほしい結果、

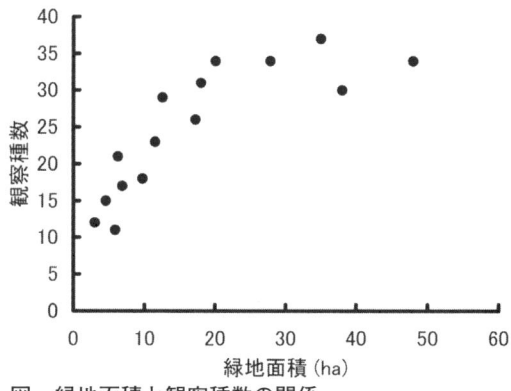

図. 緑地面積と観察種数の関係

論文のセールスポイントとなる結果は、見ればパッとわかる形で示すのがよいに決まっています。

私には、主要な結果を図ではなく表にしてしまった苦い経験があります。図の印刷は費用がかかるので編集者に嫌われるのではないかと心配したのと、数値で示す表の方が格好いいように思ったのです。できあがった論文では、あまり重要ではない方法に関する図が大きく印刷され、その下に小さく主要な結果の表が載っていました。メインとなる結果を図にすれば、ずっとインパクトがあったでしょうに。残念な失敗です。

8-2 図表を使い分ける目安

あることがらを図にすべきか、表にすべきか、あるいは図表を使わず文章で書くだけでよいのかは、適切に判断しなくてはなりません。著者の考えによって判断はある程度変わるでしょうが、明らかにおかしな使い方もあります。図表の特徴が生きる使い分けを説明します。

論文の結果の部分は、いくつもの細かい結果からなる場合があります。中には、主要な結果を出す前に示す基礎情報や、考察の話の中で使うので一応出しておかなくてはならないという小さな結果もあることでしょう。これらを、すべて図にする必要があるでしょうか。いくら見ればパッとわかりやすいからといって、図を5枚も10枚も並べると、読者はげんなりしてしまうでしょう。文章を読めばわかる簡単なことを、わざわざすべて図にする必要はありません。図にするのは、主要な結果の他は、図にしないとわかりにくい結果だけにすべきでしょう。

表はたくさんの数値を伝える時に有効です。もし前節の例（8-1, p. 149）で、それぞれの緑地の面積や観察種数を読者に正確に知らせなくて

表. 調査した緑地の面積と観察種数.

調査地	緑地面積 (ha)	観察種数
A 緑地	5.9	11
B 公園	27.8	34
C 植物園	3.0	12
⋮	⋮	⋮

はならないのであれば、表がよいでしょう。たくさんの種について、それぞれの生息数を正確に示したい場合なども表が適しています。

それほど大量の数値データを示すのではない場合でも、表が有効な場合があります。複数のグループについて比較する場合です。次の例では、ある鳥の1回目と2回目の繁殖（一番仔と二番仔）で巣立ち雛数を比べています。文章で表すよりもはるかに比較しやすいことがわかると思います。もちろん、これが強調したい重要な結果であれば、図として示すことも考えられます。

表．1回目繁殖と2回目繁殖の巣立ち雛数．
雛数は平均 ± 標準偏差で表した。

年	1回目繁殖	2回目繁殖	観察巣数
2006	4.9±3.0	2.8±2.6	11
2007	4.1±2.8	3.5±2.1	8
2008	4.4±2.3	3.1±2.4	15

以上のように、**図にしないとわかりにくい結果は図、たくさんの数値を示す時や比較がわかりやすくなる時は表、文章で書いてもわかるならば文章**というのが使い分けの目安です。

論文の中で、あるデータを最初は生のまま表で示し、その後で同じデータをグラフ化して図で示すなどということはやってはいけません。結果をどういう形で表すのがよいかを考えて、図か表か文章かを選択してください。

8-3 方法や考察でも適切に使う

結果以外の部分でも、図を使う場合があります。例えば、複数の調査地の位置関係を示さなくてはならない場合は、方法（調査地）の部分で図を使うのがよいでしょう。研究で使った測定部位や測定方法が一般に広く知られたものでない場合も、図で示すとぐっとわかりやすくなることがあります。

次ページの図はソナグラム（いわゆる声紋）から、さえずり時間や最高周波数などの変数を測定した際の説明です。もちろん、図で示すだけではなく、方法の本文でも説明します。結果の部分（7-5-1, p. 129）で述べた

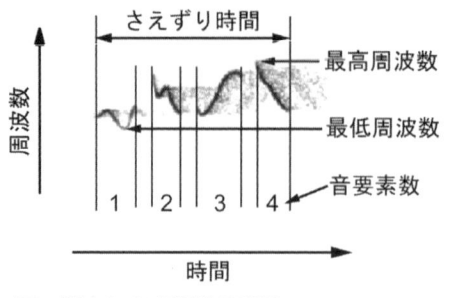

図. 測定した音響学的変数.

ように、図は本文での記述を補い、わかりやすくするためのものだからです。

　結果以外の部分で表を使うこともあります。結果以外ではあまり多くの数値が出てくることはありませんが、複数のものについてたくさんの属性を比較することがあります。例えば、考察の部分で議論に必要な場合は、結果をまとめた下のような表が有効です。このように、表にすると、数値以外の属性についてもわかりやすく伝えることができます。したがって、比較がしやすくなります。

表. 本州の個体群と小笠原諸島の個体群の形態と生態の違い.

	本州	小笠原諸島
体長	13～15cm	11～13cm
頭頂部の色	黒褐色	赤褐色
営巣場所	ササやぶ	ギンネム低木林
産卵数	10～13	6～8
親による給餌期間	10～12日	15～20日

　以上のように、方法や考察の部分でも、図表を適切に用いることが必要です。使い分けは結果の部分と同様、図にしないとわかりにくい時は図、比較がわかりやすくなるなら表、文章で書いてもわかるならば文章です。

8-4 言いたいことが伝わる図とは

　図を使う時は、主張したいことがよくわかるものを作ることが肝要です。主張したいこととは、「A区よりB区で密度が高い」「年とともに生息数

8-4 言いたいことが伝わる図とは

が増えている」というようなことです。同じデータから、異なる形の図を作ることもできます。横軸や縦軸は何にすべきか、棒グラフと折れ線グラフのいずれがよいのかなどをよく考え、言いたいことがストレートに伝わる図を作りましょう。何と言っても、見たらパッとわかるのが図の身上です。

　わかりにくい図は、得たデータをそのまま図にした工夫のないものである場合が多いようです。例えば、ある動物の個体数の増減に関心があり、毎日調査をしては、データを次の図のような棒グラフに書き足していったとしましょう。そして、調査した実感から、暖かい日には観察個体数が多くなると思われたので、観察した日の気温も付記してみたとしましょう。論文で、「観察個体数は気温と関係がある」ということを主張したい時に、この図を載せるのは適切でしょうか。

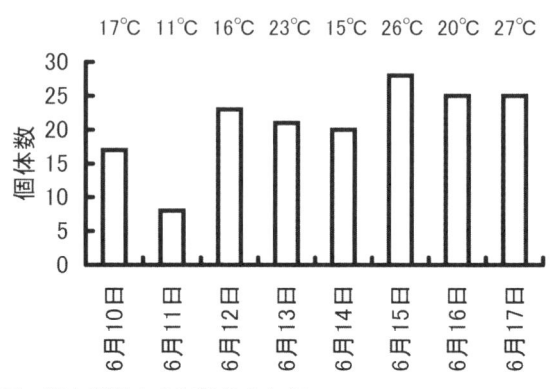

図. 調査期間中の個体数と気温.

　この図では、気温が高いほど個体数が多いということを、論文の読者はすぐに理解することができません。グラフの棒の高さと付記された温度を見比べて、「そんな関係があるのかな？」ということになってしまいます。調査中、データをわかりやすくするため毎日棒グラフを描いていたとしても、論文で他人に見せる図は別に作らなくてはなりません。気温が観察個体数に影響するということを主張する時には、同じデータから次ページのような図（散布図）を作り直すのがよいでしょう。

　このように、野帳や調査用紙の**データを加工して、主張したいことがス**

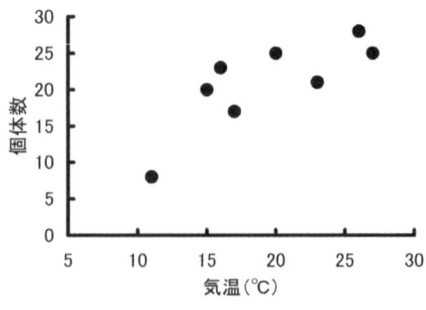

図. 気温と観察個体数の関係.

トレートに伝わる形の図を作ることが必要です。

8-5 写真も図と同様に吟味する

　写真も図と同様、文章ではなかなかわかりにくいことがらについても、見せればパッとわかるという効用があります。写真は雑誌によっては「写真1」「写真2」などとして、図と区別される場合もありますが、多くの雑誌では写真もグラフも「図1」「図2」などとして、2つを区別せずに扱っています。写真は図と同様に考え、論文の中で使うべきかどうかを判断しなくてはなりません。つまり、**写真がないとわかりにくい時には写真を使います。**

　新分布を報告する記録・報告の論文では、形態に関する情報を正確に伝えるために写真を必要とすることが多いのは、5-2（p. 78）で述べたとおりです。

　原著論文では、写真が載っているものはまれです。これは、原著論文は定量的なデータを扱うことが多いので、大小の比較や増減の傾向などを図表や文章で表現し得るからでしょう。しかし、原著論文でも、個体の外観や解剖した内臓、顕微鏡像など文章では表現しにくい形態については写真が使われることがあります。

　このように、写真はあった方がわかりやすい時や、写真がないと文章では説明しきれない時に使います。調査地の景観や調査中の様子を撮影した写真は、特別な目的がない限り掲載されません。たくさん見せるので参考にしてくださいというような態度で写真を使うことはできません。

8-6 タイトルと説明文のつけ方

　図表にはタイトル（表題）が必要です。また、必要に応じて、その後に説明の文をつけます。このタイトルと説明文の書き方を説明します。雑誌によっては投稿規定などで、タイトルと説明文を合わせて説明文と呼んでいる場合もあるので注意してください。

　まず、タイトルや説明文が印刷される場所は、図では図の下、表では表の上です。図の上に書かないよう注意してください。ただし、投稿時には、図そのものとは別のページ（あるいは別紙）に、すべての図のタイトルや説明文をまとめて書くように指示されるのが一般的です（10-3, p. 187 参照）。

　図表は、本文を読まなくても大筋が理解できるものでなくてはなりません。つまり、データをとった方法や場所は正確にわからなくてもよいけれども、どういう内容であるかは伝わらなくてはなりません。そのためには、タイトルと説明文が重要になってきます。

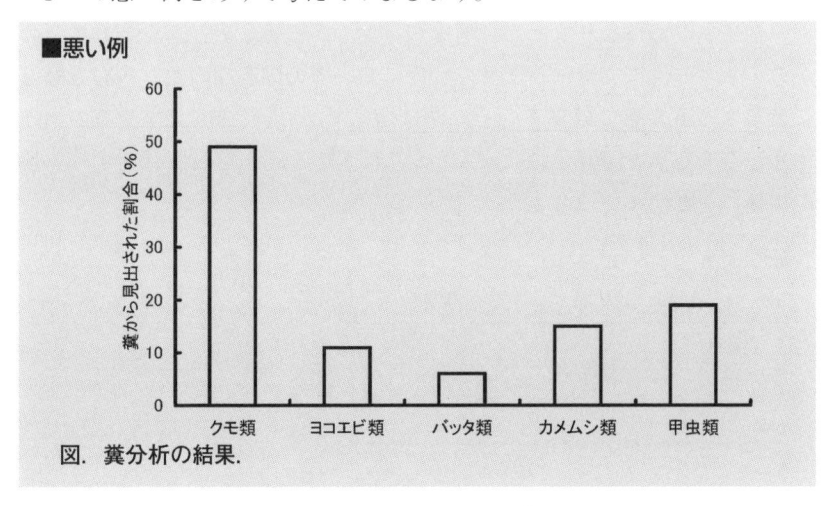

　3つの悪い例をあげて考えてみましょう。

■悪い例

図. 糞分析の結果.

　確かに、糞分析という調査方法をとったのでしょうが、このタイトルでは何についての結果であるのかがわかりません。このように方法だけを書いてしまうことがあります。注意しましょう。「図1. センサスの結果」「表2. 相関解析の結果」なども同様によくありません。糞分析の例がハクセ

キレイ（鳥）についての調査結果であれば、「図．ハクセキレイの餌生物とその割合」あるいは「図．糞から見出されたハクセキレイの餌生物」のようなタイトルにすべきです。

■悪い例

表．コサギが脚ゆすりによって採食した場所、その環境、捕らえた生物、及び採食時の個体数．

場所	環境	捕らえた生物	個体数（群サイズ）
○○県△△市	河川下流域	不明	8
○○県××町	ため池	ドジョウ	3
◇◇県※※村	用水路	モツゴ	1（単独）

　このタイトルは、あまりにストレートというものです。同様な例として、「図．ウグイスのオスが初めて調査地に現れた日と、そのオスが5分間にさえずった回数の関係」のようなタイトルもあります。表の各項目を羅列したり、グラフの横軸・縦軸の変数をそのまま書いたりしても、わかりやすいタイトルにはなりません。何を測ったのかというデータを紹介するのがタイトルの役割ではありません。**何についての図表なのか、内容を簡潔に表すタイトルをつけます**。上にあげた例であれば、「表．コサギの脚ゆすりが観察された事例」「図．ウグイスのオスの渡来時期とさえずり頻度の関係」などがよいでしょう。

■悪い例

表．コサギの脚ゆすり採食の成功と失敗．

調査地	成功	失敗
A	2	8
B	5	5(1)
C	3	12

　3つ目の例は、説明不足というものです。成功や失敗といっても、何のことであるか、はっきりとはわかりません。また、カッコがついた数字がありますが、どういう意味かが表からはわかりません。次のように改善する必要があります。

□よい例

表．コサギの脚ゆすり採食の成功と失敗．
成功は餌生物を捕らえた場合、失敗は捕らえられなかった場合。数字は各事例の観察回数を示す。

調査地	成功	失敗
A	2	8
B	5	5(1)*
C	3	12

* カッコ内の数字は、餌生物をくちばしにはさんだが、飲み込む前に逃げられた回数で内数。

　このよい例のようにタイトルの後に説明文をつけると、どういう内容であるのかがよくわかります。図でも同様にタイトルだけでは説明不足の場合、説明文で補います。また、表中の一部の項目や数字について、補足説明を要する場合は脚注を用います。「*」などの印をつけ、表の下に説明を書きます。図では脚注は一般に必要なく、使われません。

　最後に、説明文ではその図表が物語る結果を書いてしまわないように注意してください。例えば、「クモ類を主要な食物としていることがうかがえる」「調査地Bではよく成功していることがわかる」などという記述です。これらは本文で書くべきことです。論文以外の啓蒙書などでは、このような記述がされることもありますが、論文では不要です。

8-7 体裁上の注意

　図表の体裁について、基本的なポイントを説明しておきます。まず、図については、縮小して印刷されることを意識して作ることが大切です。**線は太めに**、また**文字は大きめ**にします。文字は明朝体ではなくゴシック体の方が、縮小しても見やすいでしょう。

　また、棒グラフの棒に斜線をつける時に太めの線にしたり、点をプロットする散布図（例えば p. 154 のような図）では点を大きめの印にしたりして、縮小しても自然な感じに見えるように工夫します。印刷された状態をイメージしにくい時には、図を縮小コピーして、投稿先の雑誌に掲載されている論文の上に重ねてみましょう。

　図は基本的に白黒印刷されます。カラーで作成しないようにします。原

図をカラーで作成して投稿し、編集者に白黒印刷してくれというのも避けたいものです。また、ハーフトーン（灰色の濃い・うすい）は可能な限り使わないようにします。白か黒かはっきりとした図を作成します。必要がない三次元の図も、印刷されると見にくかったり、そもそもわかりにくかったりします。**コンピューターソフトの性能を宣伝するような凝った図ではなく、シンプルな図を作る**ようにしましょう。

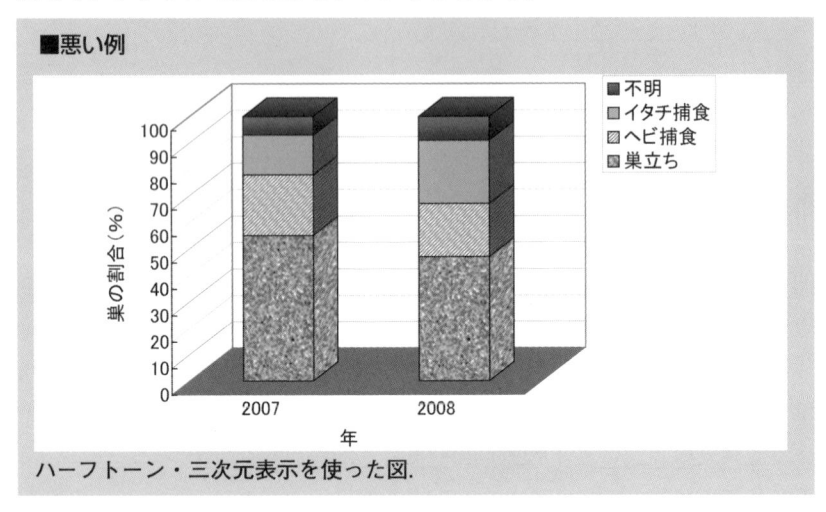

■悪い例

ハーフトーン・三次元表示を使った図.

　コンピューターソフトを使って作図する場合、ソフトの使い方がわからないから、あるいはソフトに必要な機能がないからという理由で、不出来な図を投稿することがないようにしましょう。例えば、図のタイトルが自動的に図の上部に印刷されてしまったのをそのままにしたり、棒グラフの棒に色がついているのをそのままにしたりしてはいけません。目的にかなう見やすい図を作るのが第一で、もしコンピューターでそのような図を作ることができないのであれば、手で描く（製図する）べきです。

　もしも、投稿時にメール添付などの方法で図の電子ファイルの提出が求められるのであれば、手で描いたものをスキャナーで取り込み電子ファイルにすることができます。私はあまりパソコンに明るくないので、コンピューターソフトで途中まで作った図をプリントアウトして手で描き加え、スキャナーを使って電子ファイルにするということがときどきあります。また、多くの人が使っていないマイナーな作図ソフトで作った図を投稿す

る時に、一度プリントアウトし、それをスキャナーで取り込むこともあります。

　表の体裁についても、注意したい点を2つあげておきます。1つは、**罫線は横のものだけ**にすることです。縦の罫線は必要ありません。また、横の罫線もそれぞれのデータの間には必要ありません。原則として、上下の端と見出しの下（見出しとデータとの間）だけに横罫線を入れます。

■悪い例

表．調査した緑地の面積と観察種数．

調査地	緑地面積 (ha)	観察種数
A 緑　地	5.9	11
B 公　園	27.8	34
C 植物園	3.0	12
⋮	⋮	⋮

□よい例

表．調査した緑地の面積と観察種数．

調査地	緑地面積 (ha)	観察種数
A 緑　地	5.9	11
B 公　園	27.8	34
C 植物園	3.0	12
⋮	⋮	⋮

　もう1つ、表の体裁で注意したい点は、図と同じですが、コンピューターソフトを言い訳にして不出来なものを作らないということです。例えば、小さな文字や脚注の記号（*, †, ‡ など）を挿入できないからと、投稿先の雑誌で使っていない独自のものを作ってはいけません。また、雑誌では印刷可能な長さだが、非常に横に長い表があるとします。横長の紙にならば収まるのに、ワープロソフトで紙を横置きにする方法がわからないから、縦置きのまま2行に分けて書いておくというのではいけません。

　最後に、ここで述べたのは図表の体裁を整える際の一般的な注意点です。実際に投稿する時には、投稿先の雑誌の投稿規定や手引きを確認し、それに従ってください。

8-8 付表・付図は例外的に必要な時だけ

　論文の最後に、付録として図や表がついていることがあります。例えば、調査が非常に多くの場所で行われた場合に調査地名や位置が付表として示されていたり、博物館標本を調査した場合に所蔵博物館名や標本番号が付表となっていたりします。このような情報は論文の本体（本文や図表）に含めることもできます。しかし、さほど重要ではないが示しておかなくてはならないという情報を本体に含めると、冗長でわかりにくくなってしまうこともあります。そういう時に、論文本体からは除き、付表・付図として最後に載せるというのは確かに論文を読みやすくする一法です。

　ただし、付表・付図を使うのは、それらの情報を論文に載せる必要がある時に限らなくてはなりません。例えば、参考になるだろうと調査地の写真をたくさん付図として載せたり、毎回の調査で得られた生データをすべて付表として載せたりしてはいけません。付表や付図を使ってよいのは、どうしても必要な、かなり例外的な場合だけと考えた方がよいでしょう。ただし、特定の組織や機関の紀要の論文では、資料的価値がある生データや写真を残すために付表や付図を使うことも考えられます。

9 文献引用に関する注意事項

　雑誌に掲載された論文を見ると、国内外の文献が引用されています。どのような時に文献を引用しなくてはならないのでしょうか。また、どのような情報媒体から引用しなくてはならないのでしょうか。実際に、文献を探したり手に入れたりするにはどうしたらよいのでしょうか。この章では、これらのことを説明します。

9-1 どのような時に文献を引用すべきか

　文献を引用するのは、ある言明の根拠を示すためです。自分が採用した調査方法や自分が得たデータそのものを説明している時は、文献の引用は不要です。前後のつながりから、誰が読んでも論理的に間違いないこと(当たり前のこと)を述べている時も、文献を引用する必要はありません。しかし、それ以外のことを論文で述べる時には、必ず根拠として文献を引用する必要があります。次の例をご覧ください。考察の悪い例です。

> ■悪い例
> ……という声が聞かれた。この特徴的な声は、営巣中の個体だけが発するものである。交尾が観察されたことと、この声が聞かれたことから、本種が当地で繁殖を試みたものと考えられる。

　この例では、その声を「営巣中の個体だけが発する」ということの根拠が不明です。そのことが書かれている論文や書籍（単行本）を根拠としてあげる必要があります。

> □よい例
> ……という声が聞かれた。この特徴的な声は、営巣中の個体だけが発するものである（濱尾 1993）。交尾が観察されたことと、この声が聞かれたことから、本種が当地で繁殖を試みたものと考えられる。

　この例の場合、調査した場所で繁殖が試みられたという主張を展開するために、根拠として文献の引用が必要になっています。このように、考察

において、**論拠となる事実や情報がどこにあったかを示す**ために、文献を証拠にあげなくてはならないことは理解しやすいと思います。

それに対して、イントロでは、文献の引用が必要なことが忘れられていることがよくあります。イントロでは、例えば、「鳥類の多くは一夫一妻である」「さえずりの機能はオスの排除とメスの誘引だと言われている」のように**一般的な**言明がなされます。これらについても**文献の引用が必要**です。「鳥は脚が2本ある」「木の北側は日光があたりにくい」というような当たり前のことであれば引用はいりません。しかし、先の例は当たり前の言明ではありません。鳥類の婚姻形態やさえずりの機能について、誰かが明らかにしたから一夫一妻が多いとか、これこれのはたらきがあると言えるわけです。したがって、誰がどのような文献でそのことを述べたのかを示す必要があります。

9-2 どのような文献を引用すべきか

自分の結果を先行研究と比べる場合、引用すべき文献ははっきりしています。他の場所や他の種での調査結果が書かれている論文です。通常は原著論文や短報となるでしょう。では、先の「鳥類の多くは一夫一妻である」「さえずりの機能はオスの排除とメスの誘引だと言われている」というような場合は、どのような文献を引用すべきでしょうか。

このように個別の現象についてではない、**一般的なことがらについての言明の場合は、総説を引用**します。総説とは、あるテーマについて既存の研究を整理し、新しい視点や未解明の問題の解決方法を提案する論文です(4-1-1, p. 61)。

先の例であれば、鳥の婚姻形態やさえずりの機能に関する総説を引用します。その論文の中に該当する記述があることを確認し、1つか2つの総説を引用すればよいでしょう。これを個別の原著論文で引用すると、膨大な数の引用文献が必要になってしまいます。鳥類各種について婚姻形態を調べた論文で、一夫一妻であったというものは無数にあるからです。「鳥類の多くは一夫一妻である(クロジ:羽田・水内 1969, ホオジロ:山岸 1970, カワラヒワ:中村 1976, ……以下延々と続く)」というような記述になってしまいます。

さえずりの機能についても、いろいろな種についてたくさんの原著論文が出ています。それらを羅列して引用するのではなく、さえずりに関する総説を引用しなくてはなりません。もし、どうしても適当な総説がなければ、さえずりによってライバルのオスを退けたとか、つがい相手のメスを獲得したという原著論文をまとめ、自分自身で「さえずりの機能はオスの排除とメスの誘引だ」という言明を導くことになります。

　一般的な言明の根拠として引用する総説とは、学術雑誌や専門書に載っている論文を指しています。多くの原著論文を引用して、それをまとめているしっかりとした文章でなくてはなりません。一般向けの普及書などに1行「鳥類の多くは一夫一妻である」と書いてあっただけでは、引用できません。なぜそう言えるのか、根拠がわからないからです。

　総説では多くの原著論文を引用していますが、総説を引用することはいわゆる孫引きではありません。多くの研究をまとめて、総説の著者が明らかにしたことを引用するからです。総説はすでにわかっていることを収録しただけの資料ではなく、著者なりにまとめ、見解を述べたひとつの論文です。

　ついでに申し添えますと、元の文献を見る手間を省いて、それを引用した二次資料を引用する、本当の意味の孫引きは可能な限り避けてください。「ウグイスは4～6個の卵を産む」などということは、そのことを明らかにした元の論文を引用すべきで、論文を元に書かれた図鑑の記述を引用してはいけません。しかし、どうしても元の論文にあたることができない場合には、最後の手段として孫引きもやむを得ません。その場合は、自分が見ることのできる文献の記述を注意深く読み、元の論文で書いていないことを引用してしまうことがないように心がけましょう。孫引き文献の書き表し方は、後（9-5-2, p.172）で説明します。

9-3 論文や書籍となっていない情報は使ってよいか

　引用文献としてあげるのは、普通は論文や書籍です。先ほど、普及書に根拠を示さず書かれている言明は引用できないと述べました。普及書の記述であっても、きちんとした根拠をあげて述べられたことは引用してもよいと思います。しかし、普及書に書かれていることは、論文や専門書で明

らかにされたことを元にしていることが多いので、それら元の文献を引用した方がよいでしょう。

○「印刷中」

論文や専門書以外に引用の対象となりそうなものを1つずつ検討していきましょう。まず、よく見かける「(濱尾 印刷中)」のような引用についてです。これは、論文執筆の時点で印刷作業中である論文や書籍を引用しているというものです。論文の著者自身が書いたものではなく、他人から印刷中の原稿をもらった場合でも同様に引用できます。いずれにしても、完全原稿を書きあげ、**もう改訂や修正がなく、印刷作業だけが残されている場合に、印刷中として引用**できます。したがって、査読つきの雑誌に投稿したのであれば、編集者から受理の判定が届いた後（雑誌の発行を待っている状態）でしか、印刷中として引用することはできません。査読がない雑誌への投稿の場合も、編集者から修正を求められることがありますから、最終原稿と認められ、印刷作業に入るという連絡を受けてから、印刷中になると考えてください。原稿を送ったからといって、直ちに印刷中として引用できるわけではありません。

印刷中として引用する場合、すでに出版されているものと同様、引用文献リストにあげます。また、出版されている文献同様に言明の根拠として利用できます。まだ印刷されていないから、弱い根拠にしかならないなどということはありません。

印刷中と似ていますが、「(濱尾 準備中)」「(濱尾 投稿中)」として論文や書籍を引用することはできません。論文を出そうとデータをまとめたり原稿を書いていたりしても（準備中）、原稿を書きあげて投稿していても（投稿中）、それが印刷され公刊されるとは限らないからです。準備中の原稿を完成することができなかったり、投稿した原稿が編集者に却下されたりして、論文が日の目を見ない可能性もあります。文献は、論文の中で言明の根拠としてあげるのですから、論文の読者が実際に参照できるものでなくてはなりません。**準備中や投稿中の原稿を引用するのは不適切**です。

○学会発表・会報

　論文や専門書以外に、学会発表の内容について要旨集をあげて引用したい、地方の愛好会の会報に掲載された記事を引用したいという場合があります。これらの扱いは微妙です。論文であれば、観察事実の詳細など必要情報が整い、編集者や（査読つき雑誌の場合）査読者のチェックを経ています。一方、学会発表や会報の記事などはチェックを受けていませんから、発表者や筆者の独断、時には誤った判断が含まれている可能性があります。そのため、雑誌によっては引用を禁じていたり、研究者によっては断固引用すべきではないと考えていたりします。私は、学会発表や会報の記事を、自分の論文の中で**重要な論拠として使うのは控える**べきだと考えます。

　しかし、参考情報として必要な場合は引用してもよいと思います。例えば、記録が少ない種の記録・報告を書く時に、「論文や本に載っていないがこのような情報もあるよ」という程度に引用するような場合です (5-3-4, p. 87 参照)。

　なお、新種記載など分類に関わる論文では、同定に問題がないことが明らかな文献であれば、会報などを含めあらゆる印刷物を引用することが一般的に行われています。

○私信

　他人から教えてもらった情報（私信）や論文にしていない自分の観察事実（未発表データ）も、学会発表や会報の記事に準じて考えることができます。つまり、**重要な論拠として使わなければ、参考情報としてあげるのはよい**と思います。先に引用できないと述べた準備中や投稿中の内容は、自分のものであれば未発表データとして、他人のものであれば私信として引用することができます。なお、どのような場合も私信を引用する際は、情報を与えてくれた人に了解をとっておくことを忘れないようにしてください。

○インターネット上の情報

　最近は、インターネット上にしかない情報もあります。インターネット上の情報にはいろいろな性質のものがあり、引用の可否を簡単に述べるこ

とはできません。まず、印刷体がない電子ジャーナル[*1]の論文は、普通の雑誌の論文と同様に引用できます（印刷体があれば印刷体を引用します）。

次に、気象庁の気象データのように、公的な機関が公開している資料も引用してよいと思います。

最後に、それ以外のウェブページ（ホームページ）ですが、これは参考情報としてあげるのならばあげてもよいという程度のものだと思います。個人のウェブページに質の高い情報が掲載されていることもありますが、会報の記事や私信にも増して真偽はあいまいです。時には、誤りも載っています。また、永続性が保証されていないので、論文の引用文献にあげておいても、後から読者が見ることができないことも起こり得ます。例えば、記録が少ない種の観察事例の情報として、あくまで参考にあげる程度の扱いが適当でしょう。

9-4 本文中での引用

本文中での書き方、引用文献リストの作り方は雑誌によって異なる部分があります。しかし、それは体裁に関わる細かいことです。例えば、本文中で（濱尾 1992）とするか（濱尾, 1992）とするか（カンマの有無）、英文論文の共著者名を「&」と「and」のいずれでつなぐかというようなことです。細かいことはそれぞれの雑誌の指示に従うとして、ここでは一般的なルールを説明します。**よい例**、**悪い例**をあげる場合、体裁の細かい点は日本鳥学会誌のものにならっています。

9-4-1 2つの書き方のパターン

本文中で文献をあげる時には、2つの書き方があります。

□**よい例1**
　濱尾（1992）は、新潟県下で巣立ちに至る巣の割合を27%と報じている。この割合は、当地よりもはるかに低いものである。

[*1]：インターネット上で見ることができる学術雑誌。印刷体がなくインターネット上だけで出版されるタイプと、同じ内容の印刷体と電子版があるタイプの2つがある。購読には料金が必要なものが多いが、無料のものもある。

この例は、書き方の1つのパターンで、引用文献の著者（発表者）の名を文の中に入れたものです。引用の際は、このように発表者に敬称をつけません。尊敬する大先生であっても、教授・博士・氏などはいりません。自分自身の研究であっても「拙著（1992）」などとせず、他人の場合と同様に引用します。

　同じ内容は以下のように別のパターンで書くこともできます。こちらは文の中に引用文献の著者は含めず、引用文献をあくまでも根拠の資料としてカッコ書きするものです。

> □**よい例2**
> 　新潟県下では巣立ちに至る巣の割合は27％である（濱尾 1992）。この割合は、当地よりもはるかに低いものである。

　2つのパターンのいずれも可能ですが、**よい例1**の発表者名を文の中に入れる書き方は、当然のことながら発表者が強調されます。論文では、発表者が誰であるからどうした（例えば、大先生だから重要である）ということはないので、必要以上に強調すると不自然な感じがします。この例であれば、新潟で巣立つ巣が27％だったということを伝えるのが主眼で、引用はその根拠を添えるだけです。**よい例2**の書き方で十分、用は足ります。発表者名を強調した**よい例1**の書き方が繰り返され、不自然な感じを与える原稿を目にすることがあります。注意しましょう。

9-4-2 文献に何が書かれていたのかがわかるようにする

　文献を引用するのは言明の根拠を示すためですから、その文献にどのようなことが書いてあったのかがわかるように引用しなくてはなりません。例えば、ウグイスはやぶの中で生活しており、そのことは山階（1941，日本の鳥類と其生態第二巻．岩波書店，東京）に書かれていますが、次の書き方は適切でしょうか。

> ■**悪い例**
> 　ウグイスはやぶの中で生活するため、観察が困難である（山階 1941）。そこで、本研究では……

これでは、観察が困難であるということまで、山階（1941）に書かれていることになってしまいます。山階が述べたことは「やぶの中で生活する」の部分だけで、そのことから当然の帰結として「観察が困難である」と論文の著者が述べたのですから、以下のようにしなくてはなりません。

□**よい例**
ウグイスはやぶの中で生活する（山階 1941）ため、観察が困難である。そこで、本研究では……

1つの文の中に複数の引用がある場合は、それぞれの文献にどのようなことが書かれていたのかがわかるように注意します。

□**よい例1**
セッカのオスは交尾後、抱卵や雛への給餌を行わず（母袋 1973）、巣に近寄ることもない（上田 1986）。

オスが抱卵や雛への給餌を行わないということは母袋（1973）に、巣に近寄らないことは上田（1986）に書かれている場合、このように書かなくてはなりません。

□**よい例2**
セッカのオスは交尾後、抱卵や雛への給餌を行わず、巣に近寄ることもない（母袋 1973, 上田 1986）。

抱卵・給餌を行わないことと巣に近寄らないことの両方が、母袋にも上田にも書いてある場合はこのように書きます。文章中の**（　）を入れる場所によって、文献に書かれていたことが異なって伝わります**ので、注意が必要です。

ついでに述べますと、**よい例2**のように複数の引用文献をカッコの中に入れる場合、発表年の古いものから新しいものの順に並べます。発表者名のアルファベット順などではありませんので、ご注意ください。

9-4-3 英文論文・共著論文・私信などの引用の仕方

続いて、本文中での書き方について、もう少し細かいことを説明します。

○日本人の英文論文

　日本人の論文であっても英文で書かれたものである場合は、「(Hamao 2000)」のようにローマ字で書きます。姓はもちろんその論文で使われているとおりにします。知人であっても勝手にローマ字綴りにすると、論文の著者名として書かれているもの食い違ってしまうかもしれません。例えば、斎藤さんの中には自分の姓を Saitoh, Saitou, Saitô など、さまざまな綴り方をする人がいます。論文そのものを見て、そのとおりのローマ字綴りを使いましょう。

○共著の引用

　共著を引用する場合、2人までは姓を連ねて書き、3人以上の場合は第一著者（筆頭著者）の姓だけをあげ，第二著者以降は省略して以下のように書きます。

> **例　2人の場合**
> ……と言われている（濱尾・大沢 1984）。
> ……が知られている（Hamao & Ueda 1998）。
>
> **例　3人以上の場合**
> ……であることがわかっている（濱尾ら 2001）。
> ……であることがわかっている（Hamao *et al.* 2008）。

　3人以上の日本語の共著の場合、「濱尾ら」のように「ら」を使う雑誌もありますが、「濱尾ほか」のように「ほか」を使う雑誌もあります。3人以上の英語の共著の場合は「*et al.*」として第二著者以降を略します。

○私信や未発表

　私信は当然のことながら引用文献リストに現れません。したがって、「(山田 私信)」などと姓だけを書いても、どこの山田さんかわかりません。所属や住所を書くわけにはいきませんが、「(山田太郎 私信)」のように氏名を書きます。

　自分の未発表データは「(濱尾 未発表)」のように書けばよいわけですが、ひとつ注意すべきことがあります。それは、引用する内容を将来論文化す

る時に共著者となる人がいる場合は一緒に書いておくということです。例えば、私（濱尾）が書く論文で、山田さん・佐藤さんと一緒に観察し、将来共著で論文化する予定の事実に触れるのであれば「（濱尾・山田・佐藤 未発表）」のようにします。実際に論文にする時に、共著者の増減や順序の変更が許されないなどということはありません。そういう細かいことを厳密に考える必要はありませんが、未発表の事実を自分だけのものだと思えない場合は連名にしてください。なお、この場合、3人以上であっても「（濱尾ら 未発表）」とは書けません。引用文献リストに現れないので、「ら」が誰であるかわからなくなってしまうからです。

　少しやかましいことを言いますと、将来も論文化するつもりがない観察事実をも「未発表」と書くのはいかがなものかという意見もあります。英文論文では、そのような場合に「personal observation（個人的な観察）」と書いて、「unpublished data（未発表）」と区別する場合があります（後者しか認めない雑誌もあります）。しかし、日本語の論文で「（濱尾 個人的観察）」のような書き方はあまり使われておらず、未発表とするのが一般的です。

9-5 引用文献リストの作り方

　論文の最後には「引用文献」「文献」などの見出しを掲げ、本文中で引用した文献のリストを載せます。これは、参考文献のリストではありません。したがって、仮に、論文の内容と関係があっても引用していない文献であれば、リストにあげることはできません。本文中で**引用した文献はすべてリストに載せなくてはならない、引用しなかった文献は載せてはならない**というのが、引用文献リストのルールです。

　引用文献リストは、間違いやケアレスミスが起こりがちな部分です。引用文献リストが整っていない論文原稿は、内容にも問題のあることが多いことを、多くの編集者が感じています。自分の論文原稿を大切にして、丁寧に作成してください。

9-5-1 文献の順

　文献の順序は文献の著者（発表者）の氏名のアルファベット順です。日

本語の文献で発表者名の読み方がわからない時は、正しい読みを調べなくてはなりません。発表者が外国人の場合も、日本人と区別せずに、姓名のアルファベット順で並べます。また、発表者が日本人であっても、英文論文の場合には「Hamao S」のようにローマ字で綴ります。日本人名の和文表記では姓名（フルネーム）を書きます。外国人の名前や日本人の名前のローマ字綴りの場合、姓以外の名前は頭文字だけにするのが慣例です。

例　引用文献の順
　後藤一郎 (2007) ……
　後藤次郎 (2006) ……
　浜中太郎 (1986) ……
　Hamao S (2003) ……
　林　次郎 (1982) ……
　Howard RD (1978) ……
　市川三郎 (1980) ……
　金子四郎 (1997) ……
　Kempenaers B (1994) ……

文献リストは丁寧にチェック

　同じ発表者の複数の文献をあげる場合は、まず発表者の数によって並べます。(1) 単著（発表者が1名）→ (2) 発表者が2名の共著 → (3) 3名以上の共著の順です。3名以上の共著の場合は、著者の人数は順番に関わりありません。つまり、4名、5名と著者が増えるほど順番が後になるわけではなく、3名以上としてひとくくりにします[*2]。

　もし、(2) の共著者2名の論文が複数あり、それぞれ論文の第二著者が異なる人であった場合は、第二著者の氏名のアルファベット順に並べます。例えば、「濱尾章二・石田太郎（2002）」が先、「濱尾章二・山本太郎（2001）」が後です。(3) の共著者3名以上の文献が複数あった場合も同様に、第二著者の氏名のアルファベット順、第二著者も同じ人である文献の間では第三著者の氏名のアルファベット順となります。

　そして、(1)〜(3) のいずれの場合でも、発表者がまったく同じ文献が複

---

*2：このことは雑誌によって、ややまちまちです。雑誌によっては、著者が2名以上のものは同列に扱い、人数によって順を決めることはしません（第二著者以降のアルファベット順による）。一方、著者が4名、5名となっても著者数の少ない順に並べる雑誌もあります。

数ある場合には、その中の順は発表年（古い順）に従います。

> **例　同一著者の文献を並べる順序**
> 濱尾章二 (1992) …… ┐
> Hamao S (2003) ……　　├ 著者 1 名：発表年の順
> 濱尾章二 (2007) ……　 │
> Hamao S (2008) …… ┘
> Hamao S & Saito DS (2005) …… ┐
> Hamao S & Ueda K (1998) ……   ├ 著者 2 名：第二著者の氏名の順→
> Hamao S & Ueda K (2000) ……   ┘　　　　　　　　発表年の順
> 濱尾章二・井田俊明・渡辺　浩・樋口広芳 (2005) ……　┐
> Hamao S, Veluz MJS, Saitoh T & Nishiumi I (2008) ……
> 濱尾章二・山下大和・山口典之・上田恵介 (2006) ……　┘
> 　　著者 3 名以上：第二著者以降の氏名の順→発表年の順

　著者名・発表年が完全に同じ複数の文献を引用する場合は、発表年の後ろに a, b, c, …… のアルファベットをつけて区別します。その順は、発表の早いもの順とするのが一般的です。書き方は、以下の例のようにします。

> **例　著者・発表年が同じ文献の表し方（本文）**
> 　つがい形成後にオスのさえずりが不活発になる種が多い（濱尾 2007a）が、ウグイスは繁殖期を通じて活発にさえずる（濱尾 2007b）。
>
> **例　著者・発表年が同じ文献の表し方（引用文献リスト）**
> 　濱尾章二 (2007a) さえずりの機能と進化 ……
> 　濱尾章二 (2007b) ウグイスの繁殖開始時期と餌生物の発生時期の関係
> 　　……

9-5-2 文献情報の書き方

　順序の決め方に続いて、実際の文献のタイトル・出版物名・ページなどの書き方を説明します。これらは、雑誌によって体裁がかなり異なります。例えば、単行本の総ページ数を書くか否か、学術雑誌名を略称で書くか否かなどです。多くの雑誌に共通する一般的な書き方のルールについて述べますが、実際に投稿する時には雑誌の投稿規定やその雑誌に掲載されている論文を見て、体裁を整えてください。ここにあげた例では、細かい体裁

は日本鳥学会誌のものに従っています。

単行本・雑誌に掲載された論文・インターネット上の情報に分けて説明します。

○単行本の場合

著者名・発表年に続けて、タイトル・出版元・その所在地を書きます。本の中のどの部分を引用したのかを示すためにページを書く必要はありません。

> **例　単行本**
> Burnham KP & Anderson DR (2002) *Model selection and inference: a practical information - theoretic approach*. Springer Verlag, New York.
> 濱尾章二 (1997) 一夫多妻の鳥ウグイス．文一総合出版，東京．
> 山階芳麿 (1941) 日本の鳥類と其生態第二巻．岩波書店，東京．

これらの例は、同じ著者が本全体を書いたという場合のものです。章ごとに異なる執筆者が書いており、編者がいるという本の場合、編者ではなく執筆者を発表者として引用文献にあげます。そして、執筆者が書いた部分のタイトル・その部分のページ・編者名・本のタイトルの情報をあげます。

> **例　分担執筆**
> 百瀬　浩 (1986) 音声コミュニケーションによるなわばりの維持機構．山岸　哲（編）鳥類の繁殖戦略（下）: 127-157．東海大学出版会，東京．
> Wood K (1994) The conservation of endangered birds. In: Smith J (ed.), *Vanishing birds of Japan*: 98-136. Sun Press, Tokyo.

出版元の所在地は、都市名を書きます。「市」などをつける必要はありません。また、東京23区の場合は例外的に区名を書かず、単に「東京」とします。

> **例　出版元所在地**
> 宮古野鳥の会 (2000) 宮古野鳥の会 25 周年記念誌．宮古野鳥の会，平良．
> 橘　映州 (1999) 舳倉の鳥たち．橋本確文堂，金沢．

報告書の場合、引用文献リストでの書き方に迷うことがあります。報告書を丹念に見て、著者（執筆内容に責任をもつ人・団体）や出版元（報告

書を発行した組織）などの情報を調べ、単行本と同様に書きます。

> **例 報告書**
> 国立科学博物館「大型鳥類の保全に関する基礎研究」調査検討委員会 (1995) 大型鳥類による農作物被害防止に関する研究調査報告. 国立科学博物館附属自然教育園, 東京.
> 東京都環境保全局水質保全部 (1985) 昭和57・58年度東京都内湾生物調査結果報告書. 東京都, 東京.

2つ目の例は、報告書を書いたのは水質保全部、報告書を発行したのは東京都、そしてその所在地は東京（23区内）という意味です。

〇雑誌に掲載された論文などの場合

この場合には、タイトル・雑誌名・掲載ページを書きます。雑誌名を略称で書かなければならない場合は、勝手に略記せず、定められた略称を用います。

> **例 雑誌**
> ・パターン1
> 1 日本野鳥の会野鳥記録委員会 (1989) 日本初記録の野鳥. 野鳥 **54**(1): 38-43.
> 2 植田睦之 (2006) 蚤の夫婦. 猛禽類の雌はなぜ大きくなった？ Birder **20**(2): 88.
> ・パターン2
> 3 濱尾章二 (1992) 番い関係の希薄なウグイスの一夫多妻について. 日鳥学誌 **40**: 51-66.
> 4 Hamao S (2000) When do males sing songs?: costs and benefits of singing during a breeding cycle. Jpn. J. Ornithol. **49**: 87-98.
> 5 濱尾章二・松原　始・梶田　学・三田村あまね (2001) ウグイスの雄による巣立ちビナへの給餌. Strix **19**: 187-189.
> ・パターン3
> 6 濱尾章二 (2007) ウグイスの繁殖開始時期と餌生物の発生時期の関係. 自然教育園報告 (38): 19-31.

学術雑誌や一般雑誌には、巻や号があります。この書き方にはルールがあります。まず、巻数はカッコに入れず、号数はカッコに入れます。また、巻数を太文字にしている雑誌が多いようです。

巻数・号数の書き方には、上の例のように3つのパターンがあります。例1と2では巻数と号数の両方が書かれています。『野鳥』や『Birder』という雑誌では、同じ巻に複数の号（1～12号）があります。同じ巻の中であっても、それぞれの号ではページが1から振られています。このような雑誌の場合、巻数と号数を両方書きます。これが1つ目のパターンです。

2つ目は、同じ巻の中では号が異なっても通しページになっている雑誌で、この場合、号数は書かないのが一般的です。例3と4の雑誌では、1つの巻の中で4つの号が発行されていますが、号を越えてページ番号は続いており、号ごとにページが1からつけられてはいません。このような場合は巻数だけを書きます。例5の『Strix』のように、巻として1つの冊子しか発行されていない場合も、もちろん巻数だけを書きます。

3つ目のパターンは、巻がなく号しかない雑誌の場合で、例6のように号数だけを書きます。

雑誌に巻と号がある場合、無条件に両方を書いてしまう（パターン1）のではなく、巻の中が通しページになっていたら巻数のみを書く（パターン2）ことに注意してください。時には、論文のコピーを入手したが、雑誌そのものを見ることができないということもあります。その場合、引用文献にあげようとする論文が掲載された雑誌名や巻・号・ページはわかっても、巻の中で通しページが使われているのかどうかはわかりません。そのままではパターン1、2のいずれを使うべきか判断できません。どうしても雑誌そのものを調べられない時は、自分が引用しようとしている雑誌が引用されている論文を探して、パターン1, 2のいずれで書かれているかを見て判断するという手もあります[3]。

○インターネット上の情報の場合

インターネット上の情報については、電子ジャーナルや公的機関の資料は引用可能だと述べました（**9-3, p. 165**）。これらは発表者・発表年・タ

---

[3]：巻と号があるものを引用する時はすべてパターン1を用いる（パターン2は用いない）という雑誌も一部にはあるので、注意が必要です。

イトル（加えて、あれば巻数など）に続けて、ウェブページ（ホームページ）のアドレスを書きます。最後に、アクセス（参照）した日付も書きます。これは、公的なウェブページでもアドレスが変わってしまったり、同じアドレスで掲載内容が改訂されたりする場合があるためです。

> **例　インターネット上の情報**
> 1 山田太郎 (2008) 地球温暖化が日本の鳥類群集に及ぼす影響．オンライン鳥雑誌 6．（オンライン）http://www.online-tori-journal.jp/~tori6/yamada, 参照 2008-12-15．
> 2 農林水産省生産局農産振興課 (2008) 水稲直播栽培の現状について．農林水産省．（オンライン）http://www.maff.go.jp/j/seisan/nosan/zikamaki/genzyo/pdf/all.pdf, 参照 2009-02-22．

これらは、本文中では印刷物の引用と同様に書きます。つまり、1 は「山田 (2008) によると ……」、2 は「…… と報じられている（農林水産省生産局農産振興課 2008）」のようになります。

電子ジャーナルや公的機関の資料以外は、引用文献にあげません。個人のホームページなどは私信と同様の扱いになります。したがって、本文中にアドレスをカッコ書きで示します。

> **例　個人のホームページ**
> 本種を宮城県で観察したという情報もある（山田太郎 http://personal-hp.xxxx.co.jp/tori/）。

○孫引きの場合

ある文献（A）の中に引用されている文献（B）の内容を引用したいが、文献 B が入手できないという場合があります。稀少本や海外の極めてマイナーな雑誌などで、手段を尽くしても入手できない場合は、孫引きをするほかありません。ただし、くれぐれも手元にある文献 A をよく読んで、元の文献 B に書かれていないことを引用してしまわないよう注意することが必要です（9-2, p. 162 参照）。

書き方は、本文中では文献 B を引用し、引用文献リストでは文献 A と B 両方を以下のようにあげます。

> **例　孫引き文献の表し方（本文）**
> ウグイスを飼養する場合、雛に成鳥のさえずりを聞かせることが行われていた（山田 1938）。
> **例　孫引き文献の表し方（引用文献リスト）**
> 山田太郎 (1938) ウグイスの飼い方と鳴かせ方．古井書店，東京．
> 　この文献は直接参照できなかったので、吉田（2008）から引用した。
> 吉田次郎 (2008) 学習によるさえずりの発達．生物学雑誌 26: 67-75.

9-6 文献の探し方と手に入れ方

引用文献について書き方を説明してきましたが、ここで、必要な文献を探す方法と入手する方法も紹介しておきましょう。自分の論文に関係のある文献をどうすれば見つけ出せるのか、どうすれば手に入れられるのかをまとめます。

9-6-1 文献の探し方

文献を探すひとつの方法は、すでに雑誌に掲載されている論文の引用文献リストを見ることです。自分の研究テーマや自分が調べたいことがらについて、ある論文を入手したとします。しっかり書かれた論文のイントロや考察には、その分野の関連する文献がおおむね引用されています。それを使って、その論文の引用文献、さらにその引用文献と芋づる式に関連文献を探し出すことができます。ただ、この方法では最初に見つけた論文よりも古い文献しか見つかりません。また、あることがらについて1つ目の文献が見つからないとお手上げになってしまいます。

これらの問題を解決するのがインターネットでの検索です。現時点では、論文を探すのであれば、

Google scholar (http://scholar.google.co.jp/)

が一番使いやすいでしょう。

p. 179 の例は、Google scholar で「ウグイス」と「なわばり」をキーワードとして検索した画面です。これらの語を含む複数の論文がヒットしています。このようなキーワードからの検索はもちろん、検索オプションを使うと著者名や雑誌名からも論文を検索することができます。Google scholar は海外の文献をも検索することができます。一方、国内のマイナーな雑誌はカバーしていないものもあり、検索してもヒットしない場合があります。このあたりが、「査読がある雑誌のメリット」(4-3-2, p.72) で述べた事情によるもので、電子化に人手や予算を割くことのできない団体が発行する雑誌に掲載された論文は、多くの人の目には触れにくくなってしまうのです。

　日本語で書かれた文献については、国立情報学研究所の
　論文情報ナビゲータ (CiNii)　(http://ci.nii.ac.jp/)
が充実しています。あるテーマやことがらについて、日本で出版されている印刷物の中にどのようなものがあるのかを探すには適しています。ただし、一般の週刊誌の記事を含め、論文以外のものも多くヒットするので、実際に引用できる内容の文献かどうかは、出版物を入手してから判断する必要があります。

　日本語・英語を問わず、日本の学会が出版する学術雑誌の論文は、科学技術振興機構の
　科学技術情報発信・流通総合システム (J-stage)
　(http://www.jstage.jst.go.jp/browse/_societylist/-char/ja)
また、そのアーカイブサイト
　Journal@rchive (http://www.journalarchive.jst.go.jp/japanese/top_ja.php)
で調べることができます。これは先にあげた CiNii とはヒットする文献が違う場合があり、調べてみる価値があります。

　以上のような検索システム、アーカイブサイトには、小さな学会や研究会の雑誌は掲載されていない場合があります。しかし、ある種の新分布について論文を書く時などは、そのようなややマイナーな雑誌の情報こそ必要だということがよくあります。このように、調べたいことに関連する雑誌がある程度少数に絞られている場合には、それぞれの学会や研究会のホームページから雑誌のページを探すとよいでしょう。キーワードから検索するシステムはついていないかもしれませんが、目次や論文要旨を閲覧できる学会や研究会は多くあり、文献を探すことができます。

図. Google Scholar の画面例.

9-6-2 文献の入手方法

　読みたい文献が見つかったら、どのようにして手に入れたらよいでしょうか。いくつかの方法を説明します。

○インターネットによるファイルの入手
　論文を手に入れる一番楽な方法は、インターネットで論文のファイルを

ダウンロードすることです。先の Google scholar の検索例（p. 179）を見ると、「上越教育大学構内における繁殖期の鳥類相」という論文タイトルの左脇に［PDF］とあります。この論文はタイトルをクリックすると、リンク先から本文の pdf ファイルが入手できるという意味です。

　画面に［PDF］と表示されていない論文についても、必ずしも本文をダウンロードできないというわけではありません。例えば、「番い関係の希薄なウグイスの一夫多妻について」という論文の場合、タイトルをクリックすると Journal@rchive にリンクしており、そのリンク先で pdf ダウンロードの操作をすることによって本文を入手することができます。

　Google scholar 同様、論文を探す時に使った CiNii や J-stage, Journal@rchive でも同様です。見つかった論文の脇にある「PDF」などという部分をクリックすると、本文のファイルをダウンロードすることができます。ただし、これらのサイトでは、Google scholar のように他のサイトへのリンクがあるわけではありません。それぞれのシステムの中にある情報を検索させているにすぎないので、そのシステムの中に論文本文が入っていないと見ることができません。

　言うなれば、CiNii や J-stage はそれぞれのシステムが一つひとつの図書館で、ホームページではその図書館にある蔵書の情報だけが閲覧できるようなものです。したがって、CiNii などそれぞれのシステムの中に論文本文が入っておらず、目次のような情報（雑誌名・ページ・論文著者名など）や論文要旨しか入っていないと、論文を入手することができません。他のシステムでは本文のファイルを入手することができる場合でも、それに関する情報（リンク）が示されないことは注意を要します。

　インターネット上で、本文のファイルを入手できない論文も多くあります。その場合、どのようにして入手できるか、いくつかの方法を紹介しましょう。

○著者への依頼

　まず、著者に頼むという方法があります。著者に、論文の pdf ファイルか別刷り（その論文の部分だけを雑誌から抜き出して印刷したもの）を送ってくれるようにお願いするのです。インターネットでの検索であれば、論文を見つけた時点で、論文タイトルや掲載雑誌などとともに著者の電子

メールアドレスが載っている場合があります。そこにメールを送ります。電子メールアドレスが載っていない場合でも、論文の著者名や所属機関は検索した時にたいていわかります。著者の所属機関のホームページなどからメールアドレスがわかれば、メールを出すことができます。もちろん郵便で頼むという方法もあります。

論文の著者の多くは、自分の論文を読みたいと言ってくれる人の頼みには応じてくれるはずです。しかし、多忙だったり、pdfファイルがなかったり、別刷りを切らしていたりすることもあります。ただ「送ってほしい」とメールを送ると、放置されたり後回しにされたりするかもしれません。できるだけ確実に、早く送ってもらうためには、自分が何を調べていて、どういう必要があるから読みたいのだということを簡潔に説明するとよいでしょう。

例　著者に論文送付を求める電子メール

山田太郎様

突然のメールで失礼致します。国立科学博物館・濱尾と申します。
　私は、ウグイスの繁殖生態の調査を続けており、この度、一部のオスはなわばりをもたないフローター（流れ者）であることを見つけました。しかし、フローターに関する文献は多くありません。以下のご高著には、オオヨシキリのフローターに関する詳細な記述があるようですが、アクセスできずにおります。お手数をおかけして恐縮ですが、論文pdfあるいは別刷りをお送りいただけませんでしょうか。

山田太郎（1980）オオヨシキリのなわばりオスとフローターの関係．日本鳥学雑誌 29: 1-10.

よろしくお願い致します。

濱尾章二
（連絡先　住所、電話、電子メールアドレス）

○図書館から入手

論文の著者に連絡がつかない、あるいは著者から返事がこないという場

合もあります。また、返事がこないかもしれない著者に頼むよりは、確実に入手できる方法をとりたいという方もいることでしょう。そのような場合は、図書館に出向いて閲覧やコピーをしたり、図書館にコピーの送付を依頼したりするという方法があります。見たい文献がどこの図書館に所蔵されているかは、国立情報学研究所の総合目録データベース WWW 検索サービス、

　Webcat (http://webcat.nii.ac.jp/)

で調べることができます。Webcat は主に大学図書館の蔵書を検索するシステムです。大学図書館以外は載っていませんが、論文を書くために調べたい文献は学術雑誌や専門書であり、大学図書館に所蔵されている場合が多いので、十分役に立ちます。

　次ページの画面は信州昆虫学会の雑誌『New Entomologist』の検索結果です。ICU（国際基督教大学）の図書館に 11 〜 22 巻 (1962 〜 1973 年) があるのをはじめ、全国の 13 の図書館に所蔵されていることがわかります。所蔵図書館がわかっても、いきなり訪ねていったり、「コピー送れ」などと郵便を出したりするのはお勧めできません。図書館が所蔵していると言っても、実際には大学内のある研究室の本棚に納められていて、外部の人がすぐに見られる状態にはないこともあります。また、大学職員や学生以外の利用については、図書館によって対応がまちまちです。必要な文献の所蔵図書館がわかったら、訪ねるにせよ、コピーの送付を頼むにせよ、一度電話で問い合わせてからにした方がよいでしょう。

　Webcat では図書館名をクリックすると、その図書館の所在地や電話番号がわかります。論文のコピーを頼む場合は、例えば、コピー枚数に応じた複写料と送料などを切手で同封し、しかるべき担当係に送るなど図書館側の細かい指示を守る必要があります。本の場合は、著作権上の問題から本の一部しかコピーしてもらうことはできません。また、分担執筆の単行本では、本全体ではなくある著者が執筆した章が 1 つの著作物と見なされるので、その章全部をコピーすることはできません。不明なことは図書館に尋ね、著作権を侵害することのないようご注意ください。

　国立国会図書館にもいろいろな文献があり、コピーを郵送してくれるサービスがあります。登録利用者制度によって、インターネット上で文献コ

NACSIS Webcat: 詳細表示

[利用の手引き] || [検索画面に戻る]

New entomologist / 信州昆虫学会. -- (AN00200834)
Vol. 11 (1962)-. -- 上田 : 信州昆虫学会
  ISSN: 00284955
  継続前誌: ニュー・エントモロジスト / 信州昆虫學會
  著者標目: 信州昆虫学会<シンシュウ コンチュウガッカイ>

所蔵図書館 13

  ICU 11-22<1962-1973>
  岡大植物研 植物研図 11-54<1962-2005>
  科博 書庫 11-53,54(1-2),55(3-4),56-57,58(1-3)<1962-2009>+
  岐大 昆虫 32-33,34(2-4),35-52<1983-2003>
  京大人環総人 図 25-28,29(1,3-4),30(1,3-4),31-32,54-57,58(1-2)<1976-2009>+
  京大農 図 11-17,18(1-3,5),19(1-3)<1962-1970>
  京府大 図 11(4),12(4,6-10),13,14(1-3),15(1,3-7),16(1-2),17(2-7),18(2-5),19(1-4),20(1-4),22(1-2)<1962-1973>
  鹿大 中央図 30-37,38(1-2)<1981-1989>
  信大繊 図 11(1),12(3),13(1-8),14(2-9),15(5-7),16-48,49(3-4),50-58<1962-2009>
  奈女大 14-31,32(1-2,4),33-42,43(3-4),44,45(1-2),46(3-4),47(3-4),48(3-4),49(3-4)<1965-2000>
  福大 11-35,37-46<1962-1997>
  北大農 研究室 11-33,34(1-2),35-40,41(3-4),42-56,57(1-2)<1962-2008>+
  琉大 45(3-4),46-54,55(1)<1995-2006>

[利用の手引き] || [検索画面に戻る]
Copyright(C) 2002 NII ALL RIGHTS RESERVED

図. Webcat の画面例.

ピーの郵送を依頼することもできます。

　国立国会図書館利用案内 (http://www.ndl.go.jp/jp/service/index.html) をご覧ください。

　実際に文献を所蔵している図書館とやりとりしない方法もあります。市立図書館など近くの図書館に行って頼み、他の図書館の文献のコピーを入手してもらうのです。もちろん、必要な手続きを踏み、料金を支払う必要があります。

　しかし、私の経験では、本当は他館資料のコピーサービスを行うことに

なっている図書館でも、利用する人がいないのか、要領を得ない対応であったことが複数回あります。対応にとても時間がかかったり、誤った指示をされたりして、なかなか文献を入手できない場合のことを考えると、この方法は必ずしもお勧めできません。もちろん、サービスのしくみを熟知した職員に対応してもらえる図書館であれば、文献入手の一法として利用できるでしょう。

　なお、大学の図書館であればコピーのとり寄せは頻繁に行っているので、スムーズに進むのが普通です。学生さんが他大学の文献のコピーを入手したい時には、自分で他大学の図書館とやりとりするよりも、自分の大学の図書館にとり寄せを依頼する方が早いでしょう。

○鳥関係の文献
　最後に鳥関係については、日本鳥学会が所有する交換・寄贈雑誌を利用することができます。これらの雑誌は、Webcatには登録されていませんが、国立科学博物館新宿分館図書室に寄託されているので、同図書室に論文コピーの郵送を依頼することができます。手続きは、先に説明した大学図書館と似たものになります。日本鳥学会所有の雑誌リストとコピーサービスの利用方法は、日本鳥学会誌59巻128-130ページをご覧ください。

10 投稿の仕方

　この章では、原稿を投稿する時の注意事項をまとめます。特に断らない限り、査読なしの雑誌にも、査読つきの雑誌にも共通することがらです。投稿者にも編集者にもよけいな手間やストレスが生じることなく、原稿をスムーズに掲載にもっていくために、以下のことを守ってください。

10-1 投稿規定を精読する

　ほとんどの雑誌に投稿規定があります。それに加えて、投稿の手引きやガイドラインなどとして、より詳しい原稿の整え方をまとめてある場合もあります。これらの**規定やガイドラインは全体を精読し、指示を完全に守って原稿を作成**しなくてはなりません。ずいぶん細かい指示もありますが、論文原稿としての常識を書いてあることが多いものです。当たり前のことなので、守らなくてはなりません。雑誌によって指示が違うところもありますが、これもいい加減にしてよいという部分ではありません。その雑誌の査読者とのやりとり（査読がある場合）や印刷業者への指示などをスムーズに進めるためには必要な決まりごとなのです。細かい指示を含めて、愚直に従うのが投稿者の常識です。もし、規定やガイドラインに書かれていないことでどうすればよいか迷ったら、すでに掲載されている論文を参考にします。規定やガイドラインがない雑誌の場合も、その雑誌の掲載論文をまねて体裁を整えます。

　投稿規定に関してもうひとつ注意すべきことは投稿資格です。学会誌は多くの場合、投稿できる人を会員に限っています。共著論文の場合は著者の中に会員が1人でもいればよい、第一著者か責任著者が会員でなくてはならないなど、雑誌によって規定が異なります。不明な場合は、編集者に問い合わせてから投稿しましょう。

10-2 重複投稿は厳禁

　紀要や同好会の論文誌に掲載された論文と同じものを学会誌に投稿するようなことをしてはいけません。投稿する原稿は他の媒体に論文として発表していない内容でなくてはなりません。このことは投稿規定に書いてある雑誌が多いのですが、書いていない場合や規定がない雑誌でも同様です。もちろん、まだ掲載されていない原稿を、同時に2つの雑誌に投稿するのもいけません。後で片方キャンセルすればよいという問題ではありません。

　以上のようなルール違反を重複投稿と言います。重複投稿は、データの捏造や著作権の侵害にも匹敵する重大な問題です。もし、重複投稿の論文が掲載されてしまったことが後からわかった場合、良心的な雑誌であれば、さかのぼってその論文を抹消する手続きをとるでしょう。学会等の場合、除名や投稿禁止の処分を受ける可能性もあります。間違っても重複投稿をしてはなりません。

　このように述べると、「一度何らかの形で公表した情報は論文として投稿できないのか」と心配される方もいるかもしれません。もちろん、珍しい種の観察情報を新聞に掲載された後で、論文として投稿するようなケースは問題ありません。また、学会で口頭発表した内容を投稿することは差し支えありません。

　日本鳥学会誌では「学会や、大学、研究機関、博物館、出版社などが刊行する定期刊行物や、研究誌、単行本などで収録された原稿は、収録を致しません」（日本鳥学会誌 55: 37）としています。これが重複投稿を判断する一般的な基準と言えるでしょう。微妙で判断がつかない場合は、投稿前に編集者に問い合わせるのがよいでしょう。

　ついでに2つ触れておきま

重複投稿厳禁！

す。1つは、投稿中の内容を学会発表するのはよいが、そこで得たコメントに従って編集作業中の原稿を書き直すのは本来よろしくないということです。投稿中の原稿は、査読つき雑誌であれば査読者がコメントし、著者による書き直しが行われていきます。査読がない雑誌でも編集者が内容をチェックします。いずれにしても、編集のベースになるのは投稿された原稿であり、それを改善して掲載に向けた編集作業が進みます。学会発表にコメントされたからといって、編集者や査読者がコメントしていない部分を書き換えてしまったり、一度提出した原稿を差し替えてほしいと言ったりするのは、本来の編集作業を妨げる行為です。学会発表でのコメントを参考にしたければ、それを済ませてから作成した原稿を投稿すべきです。もし、どうしても学会で得たコメントに従って改訂したい場合は、そのような改訂稿を提出してよいかどうかを、まず編集者に問い合わせる必要があります。

　もう1つは、雑誌に掲載された論文の内容を、後から別のものに載せる場合のことです。同じ内容について論文を書くことは、もちろん重複投稿となります。しかし、研究内容を紹介して一般的な書物や記事を書くようなケースならば、自分の論文を引用すれば済むでしょう。他人の研究を引用して紹介する時のように、自分の研究についてもすでに掲載された論文に書かれたことを引用して文章を書くことには、もちろん問題がありません。

　図表の転載となると発行者（学会など）の許可が必要になる場合があるので、規定を読んだうえで不明な際は発行者に問い合わせてください。論文全体を他のものに載せるのは、重複投稿になるのでできません。しかし、たいへんまれではありますが、他誌に掲載された論文の全文転載を許可している雑誌があります。小規模な研究会の雑誌や機関の紀要で「会員（職員）によってこのような研究が発表されている」と紹介する記事のような扱いです。その場合は、すでに論文が掲載されている方の雑誌の発行者から了解が得られれば、「〇〇誌からの転載」として論文全体を載せることができます。

10-3 レイアウトは不要

　投稿原稿は投稿先の雑誌の指示に従って整えることが第一ですが、投稿

規定などに書かれていない場合があり、間違いが起こりやすい点をあげておきます。投稿規定などに指示がある場合は、そちらを優先させてください。

まず、レイアウトは不要と心得てください。実際に雑誌に印刷された論文と同様に、体裁を整える必要はありません。タイトルを大きな文字にしたり、字体を変えたり、本文を2段組みにしたりということは一切しなくてよいのです。原稿はそのまま写真をとって印刷するわけではありません。また、編集者や査読者から書き直しの指示があって修正していく可能性があります。レイアウトまで整えると、かえって編集作業を行いにくくしてしまいます。

本文は、編集者や査読者が書き込みをしやすいように余白を多くします。目安としては、A4の用紙で上下左右3cmほどの余白を残し、1行30〜40字、1ページ20〜25行がよいでしょう。文字の大きさも12ポイント程度に大きめにします。

レイアウトはしないのですから、本文の中に図表を組み込む必要はありません。図や表は、本文とは分けて最後に1ページに1つずつ作ります。詳しく説明すると、本文が終わり、引用文献もつけたら、ページを改めてまず図のタイトルと説明文を書きます。同じページに図1，図2，図3，……とすべての図のタイトルや説明文を書いていきます。1枚で終わらなければ、もちろん複数のページになってもかまいません。

図の説明文の次は、ページを改めて表です。同じページに複数の表を載せないことを守ってください。表のタイトルや説明文は、表とともに同じページに書きます。表の次は、ページを改めて図です。図も1つずつ別のページに作ります。図のページには、タイトルや説明文はいりません。ただ、印刷作業までを考えると、ファイルや紙がばらばらになることも考えられますから、必ずページごとに図番号と著者名を書いておきます。

よく忘れられるのは、原稿にページ番号をつけることです。「5ページの第2段落を直してほしい」などと連絡する時に、ページを数えなくてはならないのはとても面倒です。ページ番号をお忘れなく。

また、査読つきの雑誌の場合は、各行の左端に行番号もつけておくと便利でしょう。「5ページ12行目」などと場所を簡単に指定できるようにな

ります。査読つきの雑誌では、査読者からたくさんのコメントが返ってきます。コメントを本文原稿に挿入する方法もありますが、少なくとも主要

■悪い投稿原稿の例（レイアウトする必要はない）

－記録－

奄美諸島小鳥島におけるメボソムシクイの冬季捕獲記録[*]

山田太郎[1]・吉田次郎[2]

A record of the Arctic Warbler *Phylloscopus borealis* in winter from Kotorijima Island in Amami Islands, Kagoshima Prefecture, Japan.[*]

Taro Yamada[1] and Jirou Yoshida[2]

[1] 国立科学博物館, National Museum of Nature and Science, Tokyo.
[2] 小鳥島高等学校, Kotorijima High School.

はじめに

メボソムシクイ *Phylloscopus borealis* は、亜種メボソムシクイ *P. b. xanthodryas* が夏鳥として森林で繁殖し、亜種コメボソムシクイ *P. b. borealis* が旅鳥として通過することが知られている（日本鳥学会 2000）。しかし、冬季の記録は報じられていない。今回、冬季に本種を捕獲したので、報告する。

日時・場所

捕獲は、奄美諸島小鳥島西部（北緯 XX°XX′、東経 XXX°XX′；標高 XXm）のギンネム低木林で行った（捕獲許可*****による）。XXXX 年1月28日14時頃、捕獲・放鳥した。

形態

捕獲した個体は中型ないし大型のムシクイ類で、上面は一様な緑色みのある褐色であった。胸は淡い灰褐色、腹から下尾筒は白色であった。脇はやや黄色を帯びていた。眉斑は黄白色で、眼の先で切

図1. 小鳥島で捕獲したメボソムシクイ。XXXX 年1月28日（撮影：山田太郎）。
Fig. 1. The Arctic Warbler *Phylloscopus borealis* on Kotorijima Island on January 28, XXXX (Photo by T. Yamada).

れ嘴の付け根までは届いていなかった。頭央線はなく、過眼線は暗い褐色で上面の他の部分よりも黒色みが強かった。大雨覆の羽縁はわずかに白色部があり、翼帯となっていた。跗蹠・指の上面は肉色を帯びた褐色、指の下面は黄色であった。嘴は黒褐色で、下嘴は基部が黄色であった。下嘴先端には周囲が不明瞭な斑点状の黒色部があった。初列風切第1羽（最

[*] この調査は、○○助成金の補助を得て行われた。

☐ よい投稿原稿の例（表紙）

論文の種類：記録
タイトル：奄美諸島小鳥島におけるメボソムシクイの冬季捕獲記録
英文タイトル：A record of the Arctic Warbler *Phylloscopus borealis* in winter from Kotorijima Island in Amami Islands, Kagoshima Prefecture, Japan.
簡略な欄外見出し：小鳥島におけるメボソムシクイの冬季記録
著者：山田太郎・吉田次郎　Taro Yamada and Jirou Yoshida
所属：山田太郎　国立科学博物館, National Museum of Nature and Science, Tokyo.
　　　吉田次郎　小鳥島高等学校, Kotorijima High School.

（脚注）
この調査は，〇〇助成金の補助を得て行われた。

原稿　（図を含めて）8枚
図　1枚
表　なし

> 雑誌によっては、印刷体のページ上部に簡略化したタイトル（running title）を載せる。それを書くように求められることがある。

責任著者連絡先
山田太郎
〒123-4567 東京都〇〇区△△ 1-2-3 国立科学博物館
電話 03-123-4567，ファクス 03-123-4568
電子メール yamada@XXXX.go.jp

> 以下、ページを改めて、本文を続ける。

なコメントは別紙にまとめられます。その時、査読者が原稿のどの部分かを容易に指定できるようにしようというわけです。

　また、原稿の最初には表紙をつけるようにします。そこに、タイトルや

□よい投稿原稿の例（本文1ページ目）

雑誌や論文の種類によっては、英文要旨を1ページ目に入れ、ページを改めて本文を書くことが求められる場合がある。

はじめに

　メボソムシクイ *Phylloscopus borealis* は，亜種メボソムシクイ *P. b. xanthodryas* が夏鳥として森林で繁殖し，亜種コメボソムシクイ *P. b. borealis* が旅鳥として通過することが知られている（日本鳥学会 2000）。しかし，冬季の記録は報じられていない。今回，冬季に本種を捕獲したので，報告する。

日時・場所

　捕獲は，奄美諸島小鳥島西部（北緯 XX°XX′，東経 XXX°XX′；標高 XXm）のギンネム低木林で行った（捕獲許可 ***** による）。XXXX 年 1 月 28 日 14 時頃，捕獲・放鳥した。

形態

　捕獲した個体は中型ないし大型のムシクイ類で，上面は一様な緑色みのある褐色であった。胸は淡い灰褐色，腹から下尾筒は白色であった。脇はやや黄色を帯びていた。眉斑は黄白色で，眼の先で途切れ嘴のつけ根までは届いていなかった。頭央線はなく，過眼線は暗い褐色で上面の他の部分よりも黒色みが強かった。大雨覆の羽縁はわずかに白色部があり，翼帯となっていた。跗蹠・指の上面は肉色を帯びた褐色，指の下面は黄色であった。嘴は黒褐色で，下嘴は基部が黄色であった。下嘴先端には周囲が不明瞭な斑点状の黒色部があった。初列風切第 1 羽（最も外側）は初列雨覆よりもやや長かった。その他の計測値は，……。

投稿規定に書かれていなくても、ページ番号をつける。

↓

- 1 ページ -

　著者名をはじめ、投稿者の連絡先、さらに原稿や図表の枚数も書いておくと、編集や印刷作業を進める時に便利です。

□よい投稿原稿の例（本文最後のページ）
……もある。本種が冬季に観察された例は，形態の記述がなく同定の規準も不明であるものの，インターネット上のブログ（例えば，http//torizuki_blog.bird-net.ne.jp/）に見られる。したがって，一部の地域では越冬する個体がある程度いる可能性がある。

謝辞
　調査に協力いただいた〇〇〇〇氏，また同定について助言をいただいた××××氏に感謝します。

引用文献
　日本鳥学会 (2000) 日本鳥類目録，改訂第6版．日本鳥学会，帯広．
Parmenter T & Byers C (1991) *A Guide to the Warblers of the Western Palaearctic.* Bruce Coleman Books, Uxbridge.

以下、ページを改めて、図の説明文、表、図の順に続ける。

□**よい投稿原稿の例（図の説明文のページ）**
図の説明文

　図1．小鳥島で捕獲したメボソムシクイ．XXXX年1月28日（撮影：山田太郎）．
　Fig. 1. The Arctic Warbler *Phylloscopus borealis* on Kotorijima Island on January 28, XXXX (Photo by T. Yamada).

（余白省略）

- 7ページ -

□**よい投稿原稿の例（図のページ）**

図や表は1枚に1つずつ。

図番号をつける。打ち出し原稿がばらばらになっても大丈夫なように、著者名も書くとよい。

図1（山田・吉田）

（余白省略）

- 8ページ -

10-4 原稿以外の資料は不要

　投稿するものは、完成した原稿です。他の資料は不要です。例えば、図を作る時には、データをエクセルなどの表計算ソフトに入力し、そのグラフ化機能を使うことがよくありますが、図だけを切りとる方法がわからないからと、データが入った表も含むファイルが投稿されることがあります。

もちろん、投稿原稿では図だけにしなくてはなりません。投稿する時に、図を本文と同じファイルにするにせよ、別のファイルにするにせよ、データの表を含む元のファイルから図だけを切り出す必要があります。このように、コンピューターソフトの使い方がわからないから不備な原稿を投稿するというケースがしばしば見られます。これは本末転倒です。コンピューターを使った方が便利だから使うはずです。コンピューターを使ってできないのであれば、手描きにすればよいのです（8-7, p. 157 参照）。

　また、ソフトの使い方は簡単に調べられます。和文論文を載せる雑誌では、電子ファイルの作り方についてあまり細かい決まりは設けていません。コンピューターの技能が高い人でなくても、対応できるものです。ソフトの使い方がわからないといっても、基本的な機能であることがほとんどです。ソフトについているヘルプで解決しない場合は、インターネットの検索サイトで「エクセル」「グラフ」「貼りつけ」などとキーワードを入力して調べてください。パソコンに不慣れな人向けの解説も多くあります。私は、この方法でしばしば問題を解決しています。

　時に、投稿原稿以外の図表が届いて、編集者が困惑することもあります。掲載の可否を心配するあまり「ダメならこちらの図を使って」などと、差し替え候補を送るのはいけません。これを取り上げると編集作業の流れを乱してしまいます。公正な審査のためには、査読者にどちらの図を送ればよいのでしょうか。礼儀としても、他人に原稿を読んでもらう時と同様、自分のベストと言えるものを提出するべきでしょう（3-5-3, p. 52 参照）。

　また、「このように膨大なデータもあります」と、投稿原稿とともに多量の生データが送られてくることもあります。編集作業は投稿原稿自体をチェック・審査して行うのであって、投稿者の能力や努力量を評価して行うわけではありません。**完成原稿を投稿する、それ以外の資料は含めない**ということをご注意ください。

10-5 手紙を添えて投稿する

　実際に編集者に原稿を届ける手段は、メール添付、郵送、所定のウェブページから送信など、指示された方法に従います。いずれにしても、簡単な手紙（添え状）をつけるようにしましょう。これは礼儀でもありますし、

事務的に作業を進めるうえでも必要です。

■悪い添え状（電子メール）の例
　東海林浜夫様
　　夏鳥のメボソムシクイを冬季に観察しました。珍しいことなので、論文にしておきたいと思います。よろしくお願い致します。
　山田太郎
　　（原稿が添付されている）

　これではどういう趣旨で原稿ファイルを送るのかがわかりません。実際、これと似たメールを受け取ったことがありますが、私が編集に関わっている学会誌への投稿なのか、個人的に原稿を読んでコメントしてほしいという依頼なのか、はたまた私の職場の紀要への投稿のつもりなのか、判断がつかず困りました。研究者として活動している雑誌の編集者は、その雑誌の投稿以外でも論文原稿を受け取ることがあります。どの雑誌への投稿であるということを明記しましょう。また、論文の種類やタイトル・著者名もメール（添え状）に書いておきましょう。添付ファイルを開くなどして**論文原稿を見なくても、どういうことについて、どういう趣旨でメールを送るのかをわかるようにした方が親切です。**

□よい添え状の例

　日本小鳥学会編集委員長　東海林浜夫様

　この度、以下の論文を日本小鳥学会誌に掲載していただきたく、投稿致します。

　論文の種類：記録
　表題：奄美諸島小鳥島におけるメボソムシクイの冬季捕獲記録
　著者：山田太郎・吉田次郎

　原稿（pdfファイル）を、このメールに添付します。審査をよろしくお願い致します。

　山田太郎
　〒123-4567 東京都○○区△△1-2-3 国立科学博物館
　電話 03-123-4567，ファクス 03-123-4568
　電子メール yamada@XXXX.go.jp

この程度の簡潔なもので十分ですが、論文の存在価値・セールスポイントを説明するとさらによいでしょう。例えば、「本稿は、冬季に記録のないメボソムシクイについて、初めての冬季捕獲を報告するものです」のように書き添えます。論文のセールスポイントや報じる内容の科学的意義は原稿中で説明しなくてはなりませんが、原稿での説明が不十分で通じないこともあります。編集作業の便のためにも、なぜ掲載の価値がある原稿だと考えるのかを編集者に対して、添え状の中で簡単に説明することをお勧めします。

このようにして投稿すると、数日中に受け取った旨の連絡がくるはずです。査読つきの雑誌の場合、受けつけた、査読に回すということを伝える連絡があります。もしも、投稿してから1週間ほどしても連絡がない場合は、問い合わせてみましょう。メールの送受信や郵便でトラブルが生じるなど、手違いが起きているかもしれません。

10-6 投稿の期限はない

多くの雑誌では「〇月〇日までに投稿された論文は次の号に載せます」というような約束はありません。編集・印刷作業の経験から「だいたい〇月中に投稿してもらえれば次の号に載ります」というような大ざっぱな目安は言えることもあるでしょう。また、「修正要求にすぐに応じてもらえるのならば」「1度の改訂で問題がすべて解決していれば」などという条件つきで、ある程度の予想を言うことはできます。しかし、改訂に時間がかかったり、書き直しの回数が増えたりすることはよくあるので、どの号に掲載すると約束することは難しいものです。したがって、雑誌には一般に投稿期限のようなものはありません。

投稿はいつでも受けつけています。そして、掲載可能な原稿が一定量に達したら、あるいは発行予定日が近づいたら次号発行のための印刷作業に入るというのが、論文を掲載する雑誌の編集の実態です。

また、投稿はいつまでもできます。調査後〇年以内に投稿しなくてはならないなどという決まりはありません。したがって、何らかの事情で発表していない観察事実や調査結果があった場合、がんばって論文原稿にまとめれば5年前、10年前のデータでも投稿することができます。

11 査読コメントへの対応の仕方

　査読つき雑誌に投稿した場合、査読者からのコメントにどのように対応するかは重要なことです。また、慣れないうちは不安があるものと思います。実際には、きちんとポイントを押さえた対応をすれば、おそれる必要はありません。この章では、査読コメントへの対応の仕方を詳しく説明します。査読のない雑誌に投稿した場合も、編集者からの改訂要求に応じる時などに、参考にしてください。

11-1 投稿から掲載までの流れ

　最初に、査読制度に基づく編集作業の流れを理解しておきましょう。投稿された論文原稿は、まず編集者によって受けつけが可能かどうか、チェックを受けます。その雑誌が扱う分類群やテーマから外れていたり、学術論文として成立していない文章であったりすると受けつけられません。投稿規定をまったく守っていない原稿も、編集作業が困難ですから受けつけてもらえず、書き直して投稿するように指示されるでしょう。また、調査方法は法令に触れていないか、環境保全・動物愛護のうえで問題がないかなども、受けつけ前にチェックされます。

　受けつけられた原稿は、査読者の審査を受けます。査読者は通常2名で、その原稿を正しく評価できる人を編集者が選び、依頼します。査読者は審査結果と原稿へのコメントを編集者に返します。審査結果としては、「このまま受理してよい」「改訂を要する」「改訂しても掲載できる内容ではない。却下」などという意見が述べられます。原稿へのコメントでは、原稿の問題点、改善すべき点が指摘されます。

　査読者から審査結果を受けとった編集者は、それを参考にして判定を下します。査読者の審査結果は尊重されなくてはなりませんが、最終判断を下すのは編集者です。さて、判定が受理であると、めでたく論文は原稿のまま掲載されることになります。投稿者の作業は終わりです（実際は少し

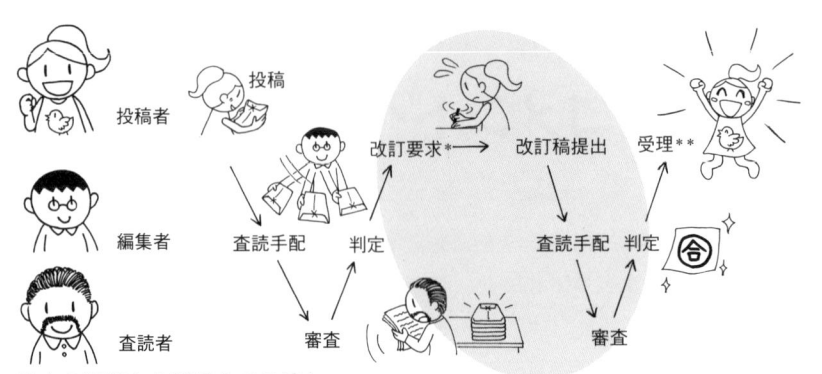

論文の投稿から掲載までの流れ.
*1回目の判定で、受理あるいは却下（リジェクト）の場合はそれで終わり。図は書き直しの指示があった場合を示す。
**2回目の判定で再度改訂が求められると、●内の部分が繰り返される。

事務手続きがあります。12章をご覧ください）。判定が却下（リジェクト）となってしまった場合は、掲載に至る道は閉ざされてしまいます。しかし、却下となることはたいへん少ないのが実際のところです（4-3-3 p. 73参照）。また、1回目の判定で受理となることも、ほとんどありません。ベテランが書いたよい原稿でも、まったく問題が見出されないことはまれなのです。したがって、大半の投稿原稿には、改訂を求める判定が返ってきます。

　改訂を求める判定では、査読者が書いた原稿へのコメントも送られてきます。コメントを参考に原稿を改訂し、編集者に提出します。編集者は前と同じ査読者に再査読を依頼し、再び審査、判定が行われます。原稿に問題点が少なく、わずかな改訂しかない場合には、再査読を行わず編集者が原稿を見て判定することもあります。いずれにせよ、この改訂〜再判定は受理となるまで繰り返されます。何回繰り返されるかは原稿によってまちまちです。私の編集経験では、1回の改訂で済むこともありましたが、4、5回改訂を繰り返さなくてはならないということもありました。

11-2 事務的にきちんとした対応をする

　このように、査読つき雑誌に投稿すると、何度も編集者とやりとりをすることになるのが普通です。そのやりとりでは、事務的にきちんとした対

応をしましょう。

　例えば、判定が届いたら、受けとりの電子メールを出しましょう。「判定に返事など送らなくても、改訂原稿を提出すればよいだけ」とも言えますが、電子メールや郵便のトラブルもあり得ます。以下の例のような簡単な文面でよいので、連絡するようにしましょう。また、査読を手配し、判定してもらった編集者への礼儀としても、受けとったら一言連絡することをお勧めします。

例　判定を受けとった時のメール

　　日本小鳥学会編集委員長　　東海林浜夫様

　　　奄美諸島小鳥島におけるメボソムシクイの冬季捕獲記録
　　　山田太郎・吉田次郎

　　上記の投稿原稿（MS#201018）について判定を受けとりました。お忙しい中、ご検討くださりありがとうございました。期限までに改訂稿を提出致します。

　　山田太郎
　　〒123-4567 東京都〇〇区△△ 1-2-3 国立科学博物館
　　電話 03-123-4567，ファクス 03-123-4568
　　電子メール yamada@XXXX.go.jp

> 投稿原稿には受けつけ時に番号がつけられ、以後の問い合わせ・連絡ではそれを示すように求められることが多い。

　改訂稿提出には期限が決められていることがあります。日本鳥学会誌の場合、3か月以内としています。計画的に改訂作業を行い、期限までに提出するようにします。時には、仕事で忙しい時期に改訂要求がきたり、大幅な改訂を求められて書き直しに時間がかかったりすることもあります。もし、どうしても改訂の期限までに改訂稿を提出できそうもない時は、遅れることの了解をもらっておくようにします。

> **例　改訂稿提出が遅れる場合のメール**
>
> 　日本小鳥学会編集委員長　東海林浜夫様
>
> 　　奄美諸島小鳥島におけるメボソムシクイの冬季捕獲記録
> 　　山田太郎・吉田次郎
>
> 　上記の投稿原稿（MS#201018）について、6月1日に判定をいただきました。間もなく改訂稿提出の期限を迎えますが、仕事の繁忙期と重なったため、どうしても期限までに改訂を完成することができそうにありません。査読コメントを十分に検討し、可能な限り完成度の高い改訂稿を提出したいと思います。提出期限を1か月延長してくださるようお願い申し上げます。
>
> 　山田太郎
> 　〒123-4567 東京都〇〇区△△ 1-2-3 国立科学博物館
> 　電話 03-123-4567，ファクス 03-123-4568
> 　電子メール yamada@XXXX.go.jp

　反対に編集者側の対応が遅れる場合もあります。判定があまり遅くなっている時は、問い合わせてみるとよいでしょう。受けつけ時に判定の予定を知らされている場合、それを目安に問い合わせます。予定が知らされていない場合は、すごく急いでいるのでなければ、受けつけ後3か月ぐらいを目安にするとよいと思います。査読者の審査が遅れていて、編集者も催促するのを忘れていたということもあり得ます。放っておかない方がよいと思います。自分のコンピューターシステムの問題で編集者からのメールを受信していないということもあり得ます。抗議するのではないことは、ご注意ください。

> **例　判定が遅い場合の問い合わせメール**
>
> 　日本小鳥学会編集委員長　東海林浜夫様
>
> 　　奄美諸島小鳥島におけるメボソムシクイの冬季捕獲記録
> 　　山田太郎・吉田次郎

上記投稿原稿（MS#201018）ですが，3月15日に受けつけのメールをいただいてから，3か月あまり経ちました。掲載についてご判断いただけましたでしょうか。判定がなされましたら，お知らせくださるようお願い致します。

　山田太郎
　〒123-4567 東京都○○区△△ 1-2-3 国立科学博物館
　電話 03-123-4567，ファクス 03-123-4568
　電子メール yamada@XXXX.go.jp

11-3 却下の判定がきた場合

　嫌な話を先に済ませようというわけではありませんが，改訂要求への対応の仕方を述べる前に，判定が却下（リジェクト）であった場合にどうするかということから説明します。しかし，却下の判定が届くのではないかと，あまり心配する必要はありません。和文の学術雑誌の編集者は，フィールドでの発見をできるだけ論文にして掲載したいと考えています。どう直しても掲載できない原稿や，発見事実自体に報告の価値がない場合にだけ，却下の判定をするのです。日本鳥学会誌の場合，ここ5年ほどの間（2004年11月14日～2009年7月26日）に却下となったのは，受けつけた投稿の8%だけです。この本を読んだ方が慎重に，また一所懸命に書いた原稿ならば，まず却下になることはないでしょう。

　万一，却下の判定が届いた場合，判定にどうしても納得できないと思ったら，編集者に再検討を求めることも考えられます。日本鳥学会誌の場合は再検討のしくみがあり，著者は1回に限り再査読を求めることができます。しかし，このような再検討のしくみをもたない雑誌もあり，必ず再検討を受けられるというわけではありません。

　却下の判定を受け入れた場合，論文発表を完全にあきらめる前に，他の雑誌への投稿を検討してみましょう。A誌では掲載に値するだけの報告内容ではないと判断されても，B誌では掲載してもよいということになるかもしれません。もちろん却下になったのと同じ原稿を送るのではなく，書

き直します。却下の判定であっても、原稿の問題点を指摘した査読者のコメントはついてきます。それを参考に改訂すれば、前よりもよい原稿になることでしょう。

　最後に、却下になったとしても、自信を失ったり編集者に不信感を抱いたりしないようにお願いします。却下はその論文原稿に対する評価にすぎません。編集者や査読者は投稿した人に対して批判的な感情をもったわけではありません。却下を経験した後は、経験する前よりも論文を書く力がついているはずです。機会があったら、次の論文を書いて投稿してほしいと思います。

11-4 コメントで頭にきたら、頭を冷やす

　ここからは、改訂が必要だという判定が下った場合の対応の仕方について述べます。きちんと改訂して、再判定で受理となるようにがんばりましょう。

　まず、判定が届いたら、コメントは冷静に読むことを心がけてください。判定を伝える編集者の手紙（メール）でも、査読者のコメントでも、原稿の問題点が遠慮会釈なく指摘されているのが普通です。投稿した本人としては、可能な限りの努力をして万全を期したつもりの原稿に対して、「あそこに問題がある」「ここも直さなくてはならない」とコメントされるのは頭にくるかもしれません。しかし、そこで**かっとなって、熱い頭のまま改訂稿を作ったり、反論の文書を書いたりしてはいけません**。頭を冷やすためには時間をおくとよいでしょう。最初は、自分に向けられたコメントの一言一言が不愉快に思える場合でも、1、2週間経つうちには客観的にとらえることができるようになります。「要するに、査読者はこういうことを問題だと言っているのか」などと批判の本質が理解できるようになってきます。

　コメントを読んだ時に反発を感じやすいのは、文章がぶっきらぼうだというのもひとつの原因だと思います。例えば、普通の査読者だと、こんな感じのコメントになります。

> **例　査読コメント（普通の文体）**
>
> MS201018
> 奄美諸島小鳥島におけるメボソムシクイの冬季捕獲記録
> 山田太郎・吉田次郎
> 　冬季の明らかな記録は報告されていないメボソムシクイの冬季捕獲記録であり、一定の価値がある。しかし、原稿には大きな問題がある。問題の１つは、同定に関して類似種との比較が不十分なことである。ヤナギムシクイとの比較がなされていないが、観察個体がこの種ではないことを説明する必要がある。また、観察個体の翼式はメボソムシクイと一致したとあるが、類似種の翼式はどのようなものであり、それと一致しないのかどうかも検討すべきである。
> 　また、亜種について *P. b. borealis* であるだろうとしているが、*P. b. kennicotti* ではないとする根拠が薄弱である。この部分、情報がないなら削除すべきである。
> 　以下、表現上の問題について指摘する。
> ・3ページ4行目「少し離れた所」とあるが、具体的に距離を書く。
> 　（以下省略）
> 以上。

コメントは科学の世界の言葉で書かれています。ただただ問題をはっきりと指摘するために書かれているので、「あれも悪い」「これも悪い」と言われているように感じを受けるかもしれません。査読者によっては、初学者が不安や反発を感じないようにコメントを書きますが、中身は同じことです。以下の文章は上の例をやさしい感じにしたものですが、指摘している問題は同じです。

> **例　査読コメント（やさしい文体）**
>
> MS201018
> 奄美諸島小鳥島におけるメボソムシクイの冬季捕獲記録
> 山田太郎・吉田次郎
> 　メボソムシクイの冬季記録は初めてだと思われます。貴重な観察で論文として発表する価値が高い内容です。ただ２つの点を改善した方がよいと思います。１つは同定の部分についてです。ヤナギムシクイとの比較がなされていませんが、この種との違いについても説明してください。また、類似種の翼式についても清棲（1965，増補新訂版日本鳥類大図鑑）などを参考に書き加えてください。もう１つの点は、亜種の同定です。著者は腹の色合いだけから *P. b. kennicotti* ではないとしていますが、計測値はどうなのでしょうか。

> 色合いだけでは亜種を確定するのは困難だと思います。
> 　以下、表現について気づいたことを記します。
> ・3ページ4行目　「少し離れた所」とありますが、どの程度離れた所なのか20〜30mなどと具体的に書いてください。
> （以下省略）
> 貴重な興味深い内容なので、注意深く改訂され、よい論文として掲載されることを期待しています。

　書いている中身は同じでも、読んだ人が受ける感じはずいぶん違います。もし、査読コメントに反発を感じたら、頭の中でやさしい文体に翻訳してみてもよいでしょう。ぶっきらぼうな普通の文体で書いた査読者でも、論文を高く評価していて、問題点を直し、よりよい論文として掲載されることを願っているというのはよくあることです。ただ、「期待しています」などという挨拶は書く必要がない、改善のために問題を指摘すればよいと考えているだけです。

11-5 査読者のコメントは99%正しい

　冷静になった後でも、査読コメントのすべてをすんなりとは納得できないことはあります。しかし、著者と査読者の意見が対立した場合、査読者の方が正しいことがほとんどです。

　投稿前に、他人に原稿を見てもらった時のことを思い出してください。熱心に見てもらえたのならば、修正すべき問題がたくさん指摘され、真っ赤になった原稿が返ってきたはずです。査読者はこの原稿チェック作業を極めて熱心にやっているのです。しかも、編集者は、論文発表について見識がある人、当該論文のテーマについて精通している人に査読を依頼しています。コメントが的はずれのものであることは極めて少ないと言えます。

　また、原稿を書いた当事者には見えてこない問題点も、第三者には岡目八目でよく見えるということがあります（3-5-1, p. 49）。実際、編集作業をしていると、同じ人が投稿者の時とは違って、査読となると素晴らしい評者となるのをしばしば目にします。投稿した時は査読者に指摘される問題を残したままの論文を書いてしまう人が、査読の時は適確に問題点を指

摘してくれます。**納得できないコメントであっても、査読コメントが正しく、自分に考え違いはないかとよく考えて検討する**ことが必要です。

11-6 改訂稿の作り方

　コメントが納得できたら、可能な限りの努力をして、査読者の指摘に添った改訂を行います。先の査読コメントの例（p. 203）であれば、ヤナギムシクイの形態について書かれた文献を探して引用し、観察個体がその特徴と一致しないことを書き加えます。このように、査読者が指示したとおりに改めればよいというものばかりではありません。先の例の亜種の問題ならば、まず計測値など腹の色合い以外の特徴から同定できないかを文献と自分のデータから検討します。亜種を同定する十分な根拠がないと判断するならば、「亜種は *borealis*、*kennicotti* のいずれであるか判断できなかった」などと書き直します。このように、査読者が問題ありとした点について、どのように解決するか自分で判断しなくてはならない場合もあります。いずれにしても**コメントの趣旨を生かし、素直に、また手間を惜しまず改訂**していきます。

　「わかりにくい」というコメントがつく場合もよくあります。その場合も、論理展開や作文の仕方をもう一度考え、書き直します。わかりやすさの問題だと書かれていなくても、文意が理解されていないためになされたコメントがある場合は、表現を直せば理解してもらえるはずです。自分には「元のままでもわかるはずだ」と思えても、少なくとも読んだ人がわかりにくいと言っているわけですから、何らかの改善をする必要があります。

　改訂稿を作る時には、原則として、**編集者や査読者がコメントしていない部分を書き直してはいけません**。投稿後に学会発表した場合、そこで得たコメントを参考にして改訂してはいけないということを先に述べました（10-2, p.186）。それと同じです。編集のプロセスは、投稿された原稿をその雑誌に掲載できるレベルにもっていく、あるいはよりよい原稿にしあげていくという作業です。これは投稿者と編集者・査読者の共同作業です。査読者は投稿原稿に渾身のコメントをし、編集者は投稿された原稿をどのように改善して掲載にもっていくべきかを投稿者に伝えています。その最中に、「やっぱりこう書いた方がいいや」と勝手に原稿を変えてしまうのは

ルール違反です。査読コメントによらず原稿を変えてしまうと、その部分が投稿時と異なるわけですから、審査したことが意味をなさなくなってしまいます。実際、大幅な変更をする場合は投稿をとり下げ、別の原稿として新規投稿し、審査をやり直さなくてはならないことも考えられます。

　改訂の最中に、明らかなミスや重大な問題を発見してしまい、どうしても直さなくてはならない場合は、改訂稿提出時にそのことを説明します。大幅な改訂となる場合には、新規投稿とすべきかどうかを事前に編集者に問い合わせた方がよいでしょう。いずれにしても、最初の投稿の時点で完成度の高い原稿にしておくことが最も大切です。後から「やっぱりこう書いた方がいいや」ということがないように何度も推敲します。また、他人に原稿を見てもらって書き直したり、学会発表でコメントを得て改訂したりすることが必要だと思うならば、投稿前に済ませておかなくてはなりません。

11-7 改訂について説明する文書の作り方

　改訂が求められた場合には、改訂稿とともに改訂について説明した文書を提出します。「どのように改訂したかは原稿を見ればわかるだろう」というのではなく、どのような改訂をしたのかをわかりやすく伝える必要があります。

　また、単に査読者の指摘どおりに直したというわけではない場合には、どうしても理由の説明が必要になります。例えば、査読コメントの趣旨は理解できるが、査読者が指示したのとは異なるやり方で改訂するということはよくあります。この場合、そのようにしたことや、なぜそうしたのかを説明しなくてはなりません。

　また、査読者が問題を指摘しただけで実際の改善の仕方を指示しなかった場合（投稿者でないとわからない場合もあります）も、どういうわけでどのように改訂したのかを説明する必要があります。もちろん、どうしてもコメントに従うことができず改訂をしなかった場合には、コメントに反論しなくてはなりません。査読コメントを無視することは許されないので、査読者の指示にすべて完全にしたがったという場合を除いて、何らかの説明をする必要があります。例えば、以下のようにまとめます。

> **例　改訂について説明する文書**
>
> **査読者Aのコメントに関する対応**
>
> 　MS201018「奄美諸島小鳥島におけるメボソムシクイの冬季捕獲記録」に対して、貴重なコメントをいただき、まことにありがとうございました。改訂について説明致します。
>
> 　・類似種との比較について
> 　ヤナギムシクイに関する記述を追加し、翼帯と眉斑の形状の違いから観察個体はこの種ではないことを説明しました（改訂稿4ページ5～8行目）。また、同定に際して検討したすべての類似種について翼式を示し、観察個体とは一致しないことを記しました（改訂稿4ページ10～15行目）。
> 　・亜種について
> 　根拠が薄弱なので削除するようコメントをいただきました。しかし、計測値と腹以外の部分の色彩を含めて検討したところ、やはり亜種 *borealis* である可能性が高いと考えます。そこで、そのように書き直しました。計測値と体全体の色彩の検討結果も書き加えました（改訂稿5ページ10～15行目）。
>
> 　上記の他、表現上の問題や誤記については、すべて指示されたとおりに改めました。
>
> 　　　　　　　　　　　　　　　　　　　　　　　　　　　　　　山田太郎

　丁寧な投稿者は、ケアレスミスの指摘についても一つひとつとり上げて、「指摘どおり修正しました」と書く場合もあります。私は、ケアレスミスなどの細かいコメントについては、指示どおり直した場合、上の例のようにまとめて説明してもよいと思います。いずれにしても、**再査読をする査読者の立場になって、改訂稿をチェックしやすいように**まとめます。査読者自身が書いたコメントと改訂稿を見れば説明は不要だと考えるのではなく、わかりやすく伝える気持ちでまとめましょう。

11-8 反論せざるを得ない場合

　基本的に査読コメントは正しい、従うべきだと述べてきました。しかし、まれには誤解に基づくコメントもあります。査読者の早とちりというわけではなく、原稿のわかりにくさが原因の場合もありますが、人と人とのや

りとりでは誤解が生じるのはやむを得ないことです。言いたいことが通じていない状態でなされた批判が、まともなものであるはずはありません。

また、見解の相違ということもあります。根拠のない言明や論理の飛躍などは明らかな問題ですが、そうではなく個人による考えの違いという場合は、どちらが正しいとは言えないものです。例えば、論文の中で、研究成果がその種の保全に役立つと書いたところ、査読者からは削除の指示がされた、しかし、著者としては重要事と思うので残しておきたいというような場合です。保全には直接関係のない研究内容だったり、研究意義として別のことを主張していたりするという理由から、保全についての考察は書かない方が適切だという場合もあるでしょう。しかし、微妙な問題でどちらでもよいという場合もあります。そのような場合は、査読コメントにそのまま従う必要はありません。

どう考えても査読コメントに従うことができないという場合は、改訂について説明する文書で反論を展開します。論文が掲載された後は、内容についての責任は著者が負います。掲載後、批判を受けた時に「査読者に指摘されたので直したけど、本当はそうしない方がよいと思っていた」などと言うわけにはいきません。納得できない改訂は行うべきではありません。

しかし、最悪のシナリオとしては、再査読の結果、2回目(以降)の判定で却下となることもあります。めったに起こらないことですが、査読者が重要だと考えているところで反論し、それが納得してもらえなかった場合、査読つき雑誌のしくみとしては却下される可能性もあります。

却下の心配をするにせよ、しないにせよ、反論は全力をあげて行う必要があります。**誤解に基づくコメントであるならば、査読者の誤解であることを指摘**し、本当に言いたいことを説明します。そして、改訂について説明する文書で反論するだけではなく、原稿の方も真意を伝える表現に改めます。査読者のコメントどおりに改訂するのではなく、誤解されることがないように原稿を改訂するわけです。また、**見解の相違である場合には、自分の考えも間違いではなく、認められるべき正当なものであることを説明**します。そして、科学的な問題ではなく、個人の見解の相違だからコメントに従うことができないと述べます。

しばしば見かける間違いは、説明や反論が査読者への手紙になってしま

うことです。例えば、査読者が誤解した原因が原稿の中にあるのに、改訂について説明する文書の中だけで説明し、原稿を改訂しない人がいます。正しく伝えたいことは、査読者だけに理解してもらえばよいわけではありません。査読コメントへの返答としていくら詳しく説明しても、誤解される原稿をそのままにしていては編集作業の意味がありません。原稿を書き改め、誤解を招かないものにする必要があります。

同様に、査読者が「説明不足」「わかりにくい」とコメントした内容について、改訂について説明する文書の中で一所懸命説明するだけで、原稿はそのままという人もいます。原稿をわかりやすく改訂しなくてはなりません。このように、査読者を説得しようと考えるあまり、間違って個人的な手紙のような説明文書を作成してしまうことがないように注意しましょう。文書では、原稿をどのように改訂したのか、しなかったのかを、理由とともに説明すればよいのです。

11-9 査読者との論争に勝つのが目的ではない

査読コメントに従わなかった場合や、査読者の指示とは異なる改訂の仕方をした場合は、説得力のある説明をする必要があります。しかし、査読者を納得させようとするあまり、論争や言い争いのような説明を書いてしまわないように注意しましょう。

査読者のコメントも、投稿者のそれに対する反論も、あくまでも投稿原稿を改善するという作業のうえでなされるものです。原稿の改善方法について意見が異なるのでしたら、自分の考えを述べ、どのように原稿を改訂するのか、あるいはしないのかを説明すればよいだけです。自分なりの改訂の仕方の方が、あるいは改訂しない方がよいのだということを、理解してもらいやすいように、わかりやすく書いていくことが肝心です。

これを、査読者対投稿者の闘いのように感じてしまい、査読者を言い負かすことが目的であるような反論を提出してしまっては、編集作業になりません。**理解してもらうことが目的で、勝つことが目的ではない**はずです。

闘いにしないためには、査読コメントは単に原稿に対してなされた批判と受けとめ、あなた自身になされた批判と受けとらないことです。実際そうなのですから。論文や科学の世界を離れると、世の中にはもって回った

査読者とは闘わない

批判や嫌味があふれています．自分が書いたものに対して批判的なことを言われたら，身がまえる方が普通だと思います．しかし，**査読コメントは科学の世界の言葉で書かれた文章**です．行間を読みとる必要はありません．言葉として書かれていることだけを受けとめ，言葉として書かれていないことは感じとらなくてよいのです．

　反論を書く時も，相手を批判するのではなく，査読コメントへの反論だけを述べるようにします．「他の部分ではああ言っていながら，この部分ではこう言うのはおかしい」などと，相手の態度を批判してはいけません．その部分でコメントに従えない理由だけを説明すればよいのです．同様に「もう1人の査読者は問題なしと言っているのに，あなただけに批判されるいわれはない」などとがんばるのもよくありません．個々のコメントに対して，自分の意見の正当性を説明するのが正しい反論の仕方です．

11-10 採否決定の最終権限は編集者にある

　改訂要求に応じる際には査読者を意識しないわけにはいきませんが，必ずしも査読者が納得しないと論文が掲載されないというわけではありません．掲載の可否を決める最終権限は，査読者ではなく編集者にあるからです．もちろん，編集者は査読者の意見を尊重して判定を下さなくてはなりません．そもそも査読制度があるのは，編集者だけが判断するよりも，論文で扱っているテーマについて明るい，複数の第三者の意見を入れた方が

公正な判定や適切な問題点の指摘ができるからです。しかし、最終的には、学術雑誌の編集に責任を負うのは編集者です。雑誌としてどの程度のレベルの原稿ならば掲載できるか、どのくらい珍しい発見事実ならば掲載に値するかは、最終的に編集者が判断します。したがって、仮に頑迷な査読者が適切ではないコメントをしていると思っても、「この査読者を説得しない限り論文は載らないのか」と負担に感じることはありません。

　査読者と投稿者の主張が対立し、反論が反論を呼んで議論が平行線に達したという場合には、編集者が断を下します。また、議論になる前でも、明らかに雑誌の編集方針と合わない査読コメントであれば、編集者が従わなくてもよいという判断を伝えることもあります。

　こう考えてくると、改訂について説明する文書は、査読者ではなく編集者に対して書けばよいのではないかと思う方もいることでしょう。例えば、「査読者Aは××を問題だと指摘しているが、これは誤解に基づく批判である」などと編集者に向けて書いた方がよいのでしょうか。筋としては確かにそうだと言えますが、現実的なやりとりとしては、それはお勧めできません。

　投稿者・編集者・査読者のやりとりを、もう一度たどってみましょう。査読者は審査結果と原稿へのコメントを編集者に送ります。原稿へのコメントは、原稿の問題点を編集者に報告する意味があります。一方、原稿へのコメントは、編集者からそのまま投稿者に送られるのが常識です。ですから、査読者は投稿へのコメントの中で、投稿者に向けた書き方をすることも、現実にはあります。また、投稿者が書く改訂について説明する文書も、本来編集者に向けたもののはずです。しかし、実際の改訂は複数の査読者それぞれのコメントへの対応としてなされています。また、投稿者が書いた説明の文書も編集者からそのまま査読者に送られます。したがって、説明の文書も現実には11-7（p. 207）の例のように、査読者が読むことを前提に書くことになるでしょう。

　この節で言いたかったことは、**改訂を納得してもらう本当の相手は編集者**だということです。あまり、査読者という人間を意識してストレスを感じたり、説明の文書を書いたりしないようにしましょう。説明の文書は、誰に向かってという相手をあまり意識せず、説明文としてクールに書く方

がよいでしょう。

11-11 査読者に感謝の気持ちをもとう

　査読コメントへの対応に腐心していると忘れてしまいがちですが、査読者には感謝の気持ちをもつようにしましょう。研究者は学術雑誌の査読制度、ひいては論文発表によって進歩していく科学の世界を支えるためには、査読者の献身が必要であることを理解しています。ですから、査読を頼まれると、直接自分の得になることはなくても引き受けるのです。そして、わかりにくい原稿を何度も読み直し、必要な場合は引用文献をも読んで、コメントをまとめます。かなり早い人でも半日はかけて原稿を精読し、コメントを作成していると思います。編集者としてやりとりしてみると、多くの査読者は、一度読んで大きな問題を把握してから時間をおいて精読し、詳細なコメントを作成しているようです。投稿前に原稿を読んでコメントしてくださいと頼んでも、**査読者ほどに念入りに読んで批判してくれる人はまれ**でしょう。

　査読者は、投稿者にとって批判を繰り出してくる相手であり、また匿名でもあるので、あまりよい感情を抱かない投稿者もいるようです。しかし、査読者は原稿に問題があれば指摘する責任があります。遠慮のないコメントも責任を果たしているからこそなのです。そして、そのお陰で、問題点を改善した原稿が掲載されるのです。編集者の立場から申し上げますと、改訂によってまず間違いなく原稿はよいものとなっていきます。査読者の指摘があまり少ないと、問題の残った原稿が掲載されるのではないかと不安になるベテランもいるほどです（江口，2002．日本鳥学会誌51: 1）。

　プロの研究者や大学院生の雑談では、納得できない査読コメントや公正とは思えない査読者の態度が話題になることがあります。確かに同じテーマで研究している競争相手と思われる査読者から、その人の論文を引用するように求められたり、英語表現がまずいことを却下の理由のひとつにあげられたりすると、査読者に問題を感じます。しかし、こういうことが起きるのは国際的なジャーナルでのことです。大半の原稿が却下される国際誌では、競争関係にある相手によって不公正な査読を受けることもないとは言えません。そういう「候補者」を投稿時に申告できる雑誌もあるほど

です。

　しかし、日本の分類群ごとの和文雑誌では、多くの査読者は編集の意図を理解し、初学者の原稿には教育的な配慮をもってコメントしてくれます。いかに悪く考えても、査読を依頼された研究者が投稿をわざと却下にしてテーマを盗み、先に自分の論文を発表しようとしたり、投稿者の業績を増やすまいと却下にしたりするはずはありません。

　一度、査読をしてみるとわかりますが、査読は長い時間とたいへんな集中力を要する作業で、その割には見返りがないのです。**査読者は原稿改善に大きく貢献する陰の功労者**です。感謝の気持ちをもつようにしてください。そして、コメントのおかげで原稿が改善されたと感じたら、謝辞でも謝意を表してください。

12 受理された後は

　何度かの改訂をするうち、ある日「あなたの原稿を本日付で受理します」という連絡が届きます。世の中にこれほどうれしい連絡はありません。長い間の苦労が報われます。

　しかし、受理で投稿者の作業がすべて終わったわけではありません。受理後の手続きや注意についてまとめておきます。査読がない雑誌の場合も、印刷前には編集者と同様のやりとりがあるのが普通です。参考にしてください。

12-1 受理後に行うべき作業

　論文の著作権は、学会など雑誌の発行者に帰属します。これは、多くの場合、投稿規定に書かれています。そのため、受理後、著者が著作権を学会に移譲することを文書で確認するのが一般的です。日本鳥学会誌の場合でも、著作権譲渡同意書という書式があり、著者は署名・捺印が求められます。

　また、受理後、印刷作業のために、図表を含む最終原稿の提出を求められることもあります。編集者の手元には受理の時点で最終原稿が届いているはずだと思われるでしょうが、「受理にするが一部の体裁を整え直してほしい」などと、細かい修正を求められることもあります。また、電子ファイルで投稿や改訂稿を提出してきた場合も、受理後にはプリントアウトした原稿の郵送を求められることがあります。日本鳥学会誌の場合も、投稿は原則として電子ファイルですが、受理後には、投稿者に最終原稿（電子ファイル）をプリントアウトして提出してもらっています。これは、電子ファイルはパソコン環境やソフトウェアによっては見ることができなかったり、体裁が変わってしまったりするので、印刷作業で間違いが起こりかねないためです。印刷業者もファイルにトラブルがあった場合はプリントアウトされた原稿で作業を行うので、紙の原稿は必要です。

受理された後は気が楽になってしまいがちですが、**著作権譲渡の書類やプリントアウトした原稿の郵送が必要な際には、事務的にきちんとした対応**を心がけましょう。

12-2 著者校正をおろそかにしない

　雑誌の発行が近づくと、原稿の下刷り（試し刷り）が送られてきて、著者による校正（チェック）を求められます。期限までに校正を済ませ、返送します。著者校正は、印刷作業の中でも編集者にとっては気をもむ部分です。掲載される論文の著者の中に1人でも期限を守らない人がいると、印刷作業全体がとどこおり、雑誌の発行が遅れてしまうからです。もし、受理された原稿がある状態で、長期出張などで校正に対応できない期間が生じる場合には、あらかじめ編集者に知らせておきましょう。最近は電子メールを使ってpdfファイルによる校正ができる場合もあります。また、出張先に下刷りを郵送してもらったり、共著論文の場合、自分以外の著者に対応してもらったりすることもできます。

　校正作業は、丁寧に行いましょう。「電子ファイルで提出しているのだから誤植はないはずだ」と考えてはいけません。例えば、表はファイルをそのまま印刷できず、印刷業者が手作業で作り直している場合が多くあります。表中の数字が間違っていないか、一つひとつ確認します。図表の位置も、ページの境目にきた場合、どちらのページに載せるかなど業者が判断していますから、著者として納得できるかどうかチェックします。また、タイトルなど英文で書いた部分について、編集者側が英語を直している場合があります。日本鳥学会誌の場合、英語を母語とする鳥の研究者に受理原稿の英語部分を校閲してもらっています（もちろん、著者には校正時にこの点を確認するよう連絡しています）。

　編集・印刷作業には多くの人が関わっていますから、時に行き違いも生じます。例えば、私が投稿者として経験したことですが、編集作業中（査読中）は図を送受しやすい解像度の低い小さなファイルとし、受理後に原図として解像度の高い大きなファイルを送ったのですが、印刷に原図が使われていないことに校正で気づいたことがありました。

　校正では、**文字の誤植だけではなく、レイアウトや図表を含めて入念に**

チェックしてください。なお、著者校正の際に**語句の修正や挿入をしてはいけません**。「この方がいいや」と思うのか、下刷りを書き直してしまう人がいますが、これは重大なルール違反です。編集者や査読者の合意を得て完成した最終原稿を勝手に書き変えてはいけません。どうしても直さなくてはならないミスを発見した場合は、編集者に断って修正するようにします。版組みに影響するような重大な変更の場合は、修正のために発生した費用を請求されることもあります。

12-3 別刷りを送ろう

多くの雑誌では、著者校正の時に別刷り注文を受けつけます。別刷りとは、掲載誌の中の自分の論文の部分だけを抜き出して印刷したものです。著者校正依頼時には下刷りとともに、別刷りの注文用紙や料金の説明が同封されているのが普通です。料金は論文の長さや印刷業者によって異なりますが、私の経験では100部で数千円～1万数千円ということが多いようです。別刷りを注文すると、掲載誌が発行される前後に印刷業者から別刷りが送られてきます。

別刷りは、まず、謝辞にあげた人にお礼の手紙とともに送ります。調査や論文作成の過程で**お世話になった人への一番のお返しは、成果を論文として発表し、別刷りを送ること**です。別刷りは、同好会の知人など、研究に興味をもってくれる人にも配りましょう。また、知り合いでなくても、あなたが自分の論文を読んでもらいたい、その分野の研究者に送ってみるのもよいでしょう。

別刷りを送ると、その論文の内容に関係する情報がもらえることがあります。興味深い内容であれば、大先生がコメントを送ってくれることもあります。仲間が増えて、研究を発展させるネットワークが広がっていくことが期待できます。別刷りをどんどん送りましょう。

雑誌によっては、別刷りに対応するpdfファイルをもらえる場合もあります。紙よりも電子ファイルに慣れた、またお金も節約したい若い人は、別刷りを購入せずpdfファイルで済ませる場合もあるようです。もちろん、pdfファイルでも、お世話になった人や知り合いの研究者・同好者にメール添付で送るとよいでしょう。

12-4 著作権に注意しよう

　論文が受理された後は、論文の著作権は雑誌の発行者に移ります（12-1, p. 215）。著作権を移譲する主な理由は、学会など発行者が論文を自由に使えるようにするためだろうと、私は思っています。著作権に関して著者に少しでも落ち度があったら訴えるという姿勢で、雑誌を発行している学会はないはずです。しかし、うっかりルール違反をしてしまわないように注意しましょう。

　例えば、自分の論文のpdfファイルをホームページに載せて、誰でも見ることができるようにすることはできないのが普通です。日本鳥学会でもお断りしています。これは、学会誌を見ることができるのは、会費を払っている学会員の権利だからです。日本鳥学会誌の場合、発行後2年間は学会員でなければインターネット上で論文全文を見ることができないしくみになっています[*1]。

　また、**自分の論文であっても、第三者から「自分の本に転載したい」と言われた時に「どうぞ」とは言えない**ことに注意してください。もちろん、論文の内容を引用することではなく、図や論文の転載についてです。学会など発行者が転載を許可しないとは思えません。しかし、必要書類の提出や目的によっては費用の請求があるかもしれないからです。著作権に関わる細かい部分のとり決めは、発行者によって異なる部分もあると思われます。著作権に関わることがら（関わりそうなことがら）については、自分の判断で行動する前に発行者に問い合わせることをお勧めします。

＊1：J-stage http://www.jstage.jst.go.jp/browse/-char/ja

参考図書一覧

木下是雄著『理科系の作文技術』（中公新書 624）中央公論新社.
　タイトルのとおり、理科系の文章術と執筆作業の進め方についてまとめられた本。本書の 2 章を詳しくした内容と言える。物理学者が書いた本なので、細かい点はフィールド系の生物学にあてはまらないが、一度通読しておくとよい。

本多勝一著『新装版 日本語の作文技術』講談社.
　語句の修飾の関係、句読点の打ち方、助詞の使い方などについて、わかりやすく説明してある。論文を書く時に、この本で説明されているルールを全部覚えておいて守らなくてはならないと考えると負担になるかもしれないが、一読の価値はある良書。

酒井聡樹著『これから論文を書く若者のために 大改訂増補版』共立出版.
　文章術ではなく、論文で何を書くべきかを解説した数少ない本。力の入った良書。仮説検証型の研究を英語で論文にすることを想定しているので、フィールド観察者が和文論文を書こうという場合にはあてはまらない部分もあるが、よりよい原著論文を目指す中級以上の人には得るものが多いと思う。

トマス・C・グラッブ, Jr. 著（樋口広芳・小山幸子訳）『野外鳥類学への招待』新思索社.
　サブタイトルをつけるとしたら「仮説検証型研究の勧め＋統計分析の入り口を示す」とでもなろうか。野外で興味深い現象を見つけたら、どのように科学的な疑問に発展させればよいのか。さらに、どのようにしてその解決を図ればよいのかについて、アマチュア研究者向けに書かれた本。観察を科学にしていくための方法がわかりやすく語られている。鳥以外の分

類群にも十分あてはまる内容。

市原清志著『バイオサイエンスの統計学—正しく活用するための実践理論』南江堂.
　定量的なデータを扱っていると、「調査地間で違いがあるのか」「年とともに増えていると言えるのか」などと迷うことがある。その時に強い味方となる（本当は使わなくてはならない）統計的検定について、原理と使い方を説明した本。統計は、1冊の本ですべてをマスターすることは望めないが、私は初学者にはまずこの本を勧める。

【執筆者紹介】

濱尾 章二（はまお しょうじ）
　1959年生まれ。国立科学博物館附属自然教育園、研究主幹。博士（理学、立教大学）。日本鳥学会誌編集委員長。専門は鳥の行動生態学。主な研究テーマはウグイスをはじめとする小鳥類のつがい関係、さえずり行動、捕食者や托卵鳥との関係。毎年春から初夏に数十日間調査をしては、秋から冬は論文書きに四苦八苦している。

フィールドの観察から論文を書く方法
観察事例の報告から研究論文まで

2010年10月31日　初版第1刷発行
2021年　4月20日　初版第4刷発行

著●濱尾　章二
©Shoji HAMAO

発行者●斉藤　博
発行所●株式会社　文一総合出版
〒162-0812　東京都新宿区西五軒町2-5
電話●03-3235-7341
ファクシミリ●03-3269-1402
郵便振替●00120-5-42149
印刷・製本●奥村印刷株式会社

定価はカバーに表示してあります。
乱丁, 落丁はお取り替えいたします。
ISBN978-4-8299-1177-8
Printed in Japan

JCOPY ＜(社) 出版者著作権管理機構　委託出版物＞

本書の無断複写は著作権法上での例外を除き禁じられています。複写される場合は、そのつど事前に、(社)出版者著作権管理機構(電話 03-3513-6969, FAX 03-3513-6979, e-mail: info@jcopy.or.jp)の許諾を得てください。